KB074081

사막의 낙타는
왜 태양을 향하는가?

주변의 비교동물생리학

사막의 낙타는 왜 태양을 향하는가?
주변의 비교동물생리학

초판 1쇄 1994년 06월 20일
개정 1쇄 2021년 12월 28일

지은이 사카타 다카시
옮긴이 편집부
발행인 손영일
디자인 장윤진

펴낸곳 전파과학사
주 소 서울시 서대문구 증가로 18, 204호
등 록 1956. 7. 23. 등록 제10-89호
전 화 02-333-8877(8855)
팩 스 02-334-8092
이메일 chonpa2@hanmail.net
홈페이지 www.s-wave.co.kr
공식 블로그 http://blog.naver.com/siencia

ISBN 978-89-7044-997-5 (03490)

사막의 낙타는
왜 태양을 향하는가?

주변의 비교동물생리학

사카타 다카시 지음 | **편집부** 옮김

전파과학사

지은이 ──── *

사카타 다카시는 나고야 출신으로 도호쿠 대학 농학부 축산학과를 졸업한 농학박사이다. 독일 호엔하임 대학, 하노버 수의대학 연구원, 야쿠르트 본사 중앙연구소, 이시마키(石卷) 전수대학 이공학부 교수를 역임했다. 가축의 반추위, 대장의 생리학 분야 연구자이다. 저서로는 『이제야 알게 된 대장·내막 이야기』가 있다.

이 책의 주제는 인간의 입장에서 볼 때 극단적인 환경에서 사는 척추동물들이 어떤 교묘한 구조에 의해 능숙하게 그러한 환경에 적응하는가에 관한 것이다.

 필자가 특히 흥미를 갖는 분야는 에너지와 물의 관계이다. 그러므로 에너지나 물에 부자유한 사막의 동물이나 바다에서 사는 동물들을 다루기로 했다. 왜 에너지나 물에 흥미를 갖는가 하면, 에너지나 물의 관계는 어쩐지 가계부와 같은 인상을 주기 때문이다. 이러한 에너지와 물의 관계에는 염분이나 단백질의 관계가 깊이 관계하므로 여기에 관해서도 지면을 할애했다.

 또한 몸체의 크기에 대해서도 관심을 기울였다. 몸체의 크기와 체내에서의 대사 속도, 나아가서 에너지 소비 속도와 몸체의 크기 사이에는 재미있는 관계가 있기 때문이다. 그러므로 작은 온혈동물의 대표로는 벌새를, 큰 파충류의 대표로는 장수거북을 다루었다.

 우리가 잘 아는 동물 중에도 실은 극단적인 환경에서 사는 것이 있다. 예를 들면 두더지같이 땅속에서 사는 동물이나 소처럼 풀만 먹고 사는 동물이다. 그들의 환경이 어느 정도로 극단적인가, 그들은 그러한 환경에서 어떻게 살고 있는가 하는 것을 이 책을 읽고 난 후에 알게 될 것이다.

왜 극단적인 환경에서 사는 동물을 이 책에서 다루었는가 하면 그러한 동물은 이를테면 극단적으로 고농도의 오줌을 배설하는 것처럼 두드러진 능력을 갖는데, 사람에게도 같은 능력이 있으나 두드러진 쪽이 필자에게 는 이해하기 쉽기 때문이다. 그런 뜻에서 이 책은 필자의 개인적인 견해에 따라 비교생리학에 관해 쓴 것이다.

또 한 가지 생각한 것은 다른 동물의 구조나 기능을 앎으로써 사람이라 는 동물에 대해 생물로서의 특징을 떠올릴 수 있기 때문이다. 외국에 가면 자기 나라의 사정이 잘 보이는 것과 같다.

필자는 이 책을 고등학교 학생들도 읽어 주었으면 한다. 생물학은 생 물의 '부품'이나 대사 경로의 이름을 외우는 암기 과목이 아니고 생물의 살아 있는 기능을 연구하는 학문이다. 개개의 사실을 아는 것도 중요하지 만 더욱 중요한 것은 이러한 사실을 축적해 하나의 체계를 이룩한다는 것 을 이해해 주기 바란다.

이 책의 내용은 필자가 이시마키(石卷) 전수대학에서 담당하는 생물학 강의 노트를 기초로 했다. 내용의 대부분은 다른 사람들의 연구 성과이다. 만일 이 책에서 다룬 내용에 흥미를 갖게 된다면 끝에 게재한 참고서를 읽 어 주기 바란다. 더 큰 흥미를 느끼는 분은 우리 대학에 오면 된다.

필자를 비교생물학으로 인도해 주신 분은 도호쿠(東北) 대학, 동 대학 원의 은사인 고(故) 다마테 히데오 선생님이시다. 또한 하노버 수의대학의 볼프강 폰 엥겔하르트 교수와 그의 연구실의 사람들과 친해지며 비교생리 학의 실제 연구를 접할 수 있게 되었다.

도호쿠 대학 농학부의 가토 가즈오 씨와 니혼(日本) 수의축산 대학의 아마사키 하지메 씨에게는 돌연한 부탁에도 불구하고 흔쾌히 자료를 빌려 주신 데 대해 감사드린다. 같은 대학의 친구이며, 변변치 못한 생활을 영위하는 필자를 항상 걱정해 주는 분자생물학자인 다마테 히데토시 씨와 조정부(漕艇部) 친구이며 분석화학자인 후쿠시마 미치코 씨는 이 책을 쓰는 동안 많은 격려를 해 주었다. 깊이 감사드린다.

고단샤 과학도서 출판부의 다나베 씨는 『이제야 알게 된 대장·내막 이야기』를 집필할 때부터 친분을 쌓았다. 원고가 늦어지기 쉬운 게으름쟁이인 필자에게 관대함을 베풀 수 있는 다나베 씨의 기량이 없었다면 이 책은 나오지 못했을 것이다. 또한 동사 전자 출판부의 도움으로 송고에는 전자 우편을, 구성에는 퍼스널 컴퓨터를 이용했다. 훌륭한 그림을 그려준 이마이 씨에게도 감사드린다. 새로운 세계를 보여 준 동료들에게 이 책을 바친다.

봄기운을 느끼는 이시마키 시에서

사카타 다카시

차례 ———— ✦

1장

---

*

소가 풀만 먹고 살 수 있는

까닭은 무엇일까?

01
초식동물은 '성공자' ──── *

가축에 초식동물이 많은 것은 무슨 까닭일까?

우리가 아는 동물 중에는 풀을 먹는 동물이 많다. 예를 들면 소라든가 양, 염소, 말 등이다. 실은 가축으로 이용하는 동물의 대부분은 초식동물이다. 앞에서 예를 든 동물 이외에도 아시아에서 아프리카에 걸쳐 건조 지대에는 낙타가 있고, 남미의 고지에는 낙타의 친척뻘로서 등에 혹은 없으나 털이 길고 목이 긴 라마나 과나코가, 북극에 가까운 지대의 툰드라에는 순록이, 티베트고원에는 야크 등의 동물이 가축으로 사육된다. 이들은 모두 초식동물이다. 유명한 가축으로 초식이 아닌 것은 개와 돼지 정도일 것이다〔닭이나 오리는 '가금(家禽)'이라고 한다〕.

왜 가축에는 초식동물이 많을까?

거기에는 이유가 있다. 사람은 풀만 먹고는 살아갈 수가 없다. 그러므로 초식하는 가축은 사람들과 먹을 것을 두고 다툴 필요가 없다.

또 하나의 이유는 곡물이나 과실이 나지 않는 추운 곳이나 건조한 곳에도 풀은 자란다. 그러한 곳에서도 초식 가축의 몸체를 통해서 사람이

<그림 1-1> 열대에서 한대, 고지에서 저지까지 초식동물은 살 수 있다
(라마, 과나코, 야크)

이용할 수 없는 풀을 먹을 것으로서, 또는 노동력으로서 사람이 이용할 수 있다.

야생의 포유동물에도 초식하는 것은 많다. 예를 들면 사슴의 무리나 영양의 무리, 하마, 기린, 얼룩말 등이다. 동물원에서 인기를 끄는 것 중에도 초식동물이 많다. 이러한 사실은 다른 포유동물이 살 수 없는 곳에서도 초식동물은 살아갈 수 있음을 뜻하는 것이 아닐까.

샐러드를 좋아하면 초식동물인가?

필자의 여자 친구 중에도 자기를 '초식동물'이라는 사람이 있다. 그녀는 때때로 무턱대고 샐러드를 먹고 싶어 한다. 그럴 때는 샐러드를 듬뿍 만들어 "나는 소다" 하면서 쾌활하게 먹는다.

아무리 친한 친구라 해도, 아직 이 정도로는 존경하는 초식동물의 친구라고 할 수 없다. 그녀는 '고양이'라고 불릴 정도로 생선을 좋아하며, 한번은 토끼고기 요리를 과식해서 앓아누운 적도 있다. 육식동물의 대표 격인 개나 고양이도 몸의 형편에 따라서는 풀을 먹을 때도 있으므로, 애완동물용품점도 '식물성 먹이'를 판다. 그러므로 그럭저럭 마음 내키면 샐러드를 한 접시 푸짐하게 먹었다 해도 가끔 풀을 먹는 동물과 풀만 먹고 사는 동물은 근본적인 차이가 있다.

'존경하는 초식동물'이라고 했는데, 필자는 필자가 할 수 없는 것을 할 수 있는 사람이나 동물은 훌륭하다고 생각한다. 우리는 샐러드를 먹거나 시금칫국을 먹을 수는 있으나 풀만 먹고는 살아갈 수 없다. 그러므로 초식동물은 훌륭하다고 생각한다.

초식동물을 개인적으로 정의한다면

그렇다면, 초식동물이란 어떤 것일까? 항상 참고로 하는 『이와나미(岩波) 생물학 사전』을 펼쳐 보니 초식이란 '살아 있는 식물을(어원적으로는 초본) 먹는' 일이라고 되어 있다. 가까이에는 「식물식」이란 항목이 있는데 '식물체 또는 그것에 유래하는 것을 먹는' 일이라고 적혀 있다.

그러나 한 가지 납득할 수 없는 점이 있다. 이 정의에 따르면 건초를 먹고 살아가는 겨울의 젖소는 초식동물이 아니다. 반대로 주로 과실을 먹고 사는 동물은 풀을 먹는 동물이 된다. 사물을 정의한다는 것은 어려운 일이다. 그런 식으로 말한다면 이 책도 앞으로 진행할 수가 없다. 그러니 아예 '초식동물이란 풀(초본류)만 먹고 살아가는 동물'이라고 대강 정의하고 앞으로 나아가기로 하자.

여하튼 이 책은 생물이란 것을 필자의 개인적인 견해에 따라 멋대로 다룬 책이므로 '엉터리'라고 여기는 독자는 이마에 침이나 바르고 계속 읽어 주기 바란다. 만일 침이 듬뿍 나왔다면 여러분은 최신형의 초식동물이 될 가능성을 간직하는 것이다(그 이유는 이 장을 끝내면 알게 된다!).

왜 사람은 초식동물이 될 수 없는가?

초식동물은 어째서 풀만 먹고 살아갈 수 있는가? 반대로 사람은 왜 풀만 먹고서는 살아갈 수 없을까?

사람의 영양원으로 풀을 생각해 보니 두 가지 큰 문제점이 있다. 첫째로 풀의 주성분인 셀룰로오스를 우리는 잘 소화할 수 없다. 둘째로 풀에는 단백질이 별로 함유되어 있지 않으며 또한 그 단백질의 질이 낮다는 것이다.

초식동물이 이 두 가지 문제점을 어떻게 해결하는가를 생각하면 초식동물이 왜 풀만 먹고도 살아갈 수 있는지를 알 수 있을 것 같다.

최신형 초식동물

그렇다면 초식동물의 대표 선수인 '반추(反芻)동물'의 사는 방식을 차분히 살펴보자. "나는 말이 좋은데" 하는 사람에게는 안됐지만 반추동물을 초식동물의 대표 선수격으로 선택하는 데는 이유가 있다.

필자의 박사 논문은 반추동물의 위(胃)에 관해서였는데 여기에서 반추동물을 초식동물의 대표로 다룬 것은 옛적부터의 관계에 따른 의리 때문만은 아니다. 반추동물이란 대성공을 이룬 초식동물이며 현재에도 발전을 거듭하는 동물이기 때문이다. 무엇을 증거로 '대성공'이니 '발전'이니 하는 것일까. 거기에는 나름대로의 근거가 있다.

우선 반추동물이란 어떤 것인가 하면 의외로 우리들과는 친숙한 동물들이다. 예를 들면 소나 양이나 염소 그밖에 순록, 야크 같은 가축들은 반추동물이다. 야생동물 중에도 사슴, 영양, 기린 등 얼마든지 있다. 텔레비전 등에서 아프리카 초원의 영상을 보면 이러한 반추동물 투성이다. 다시 말해서 반추동물은 종류에 있어서나 개체수에 있어서 가장 많다는 뜻이다.

고래에는 비할 바 못 되지만 사자나 쥐에 비하면 분명한 것처럼 반추동물에는 대형인 것이 많다. 가장 작은 종류라 할지라도, 다 자란 것은 5㎏은 되므로 전 세계의 반추동물 체중을 합한다면 대단할 것이다.

살고 있는 지역도 툰드라에서 열대우림에 이르기까지 다양하다. 또한 사막 주변에도 있으며 기후가 습한 곳에도 있다. 즉 여러 기상 조건에서도 살아갈 수 있다. 따라서 반추동물은 현재의 지구 환경에 잘 적응했다고 볼 수 있다.

반추동물이란 무엇인가?

반추동물이란 것은 발굽 끝이 2개로 갈라진 '우제류(偶蹄類)' 중의 한 무리다. 반추동물 이외의 우제류로서 유명한 것은 멧돼지나 돼지의 무리나 하마 무리다. 낙타나 과나코, 라마 등도 우제류인데 이것들은 반추동물의 형제뻘이라 해도 좋을 정도로 반추동물과 비슷한 데가 많은 동물이다.

반추동물은 그 이름대로 반추를 한다. '반추'란 한번 먹은 것을 입에 되돌려, 다시 씹고 다시 먹는 것이다. "더럽다"고 해도 할 수 없으나 이 방법은 풀을 먹고 사는 데 있어서는 상당히 유효한 방법이다. 사람이 위 속의 것을 토하는 일은 기분이 나쁠 때지만 반추동물이 반추할 때는 주변에 적도 없고, 배가 부르고 한가한 기분일 때이므로 오히려 기분이 좋을 때인 것이다.

다른 한편의 초식동물의 대표격인 말은 발굽 끝이 갈라져 있지 않는 '기제류(奇蹄類)'란 무리에 속하는 동물이다. 기제류에는 말 종류(말과) 이

링 테일어퍼섬

타마왈라비

록 하이랙스

〈그림 1-2〉 링 테일어퍼섬, 타마왈라비, 록 하이랙스

외에 맥(獏)이나 코뿔소의 무리가 있는데 기제류 쪽이 먼저 지상에서 번성했다.

'캥거루 박사'의 연구: 말은 쇠하고 소는 흥한다

이러한 것을 연구한 사람은 현재 시드니 대학 생물학 교실의 주임 교수인 필자의 친구 이안 흄이다. 흄은 원래 서부 오스트레일리아 출신으로 부친은 퍼스 거리에서 제일가는 백화점의 지배인이었다. 흄은 물건을 잘 간수하는 사람으로 부친의 유품인 모양이 볼품없게 된 손가방을 아직도 들고 다닌다.

흄은 처음에는 양의 영양학을 연구했다. 그 당시의 연구로 지금은 고전으로 된 논문도 있으나 원래는 동물을 좋아하는 소년이었다. 그도 중년이 되면서 차차 본성이 드러나 지금은 캥거루니 코알라니 피그미어퍼섬이니 하는 유대류(有袋類)를 중심으로 여러 동물의 소화 생리학을 연구한다.

오스트레일리아는 양의 대생산국이다. 그러므로 그 당시 양의 영양학이란 것은 현재의 일본이라면 반도체 연구와 같은 것이다. 이렇게 산업에 직결한 가축영양학에서 곧바로 쓸 수 없는 비교영양생태학으로 흄이 방향을 바꾸기 시작한 때의 연구가 초식동물의 진화에 관한 것이었다.

그것은 필자가 대학원은 나왔으나 국내에서는 취직할 데가 없어 독일 슈투트가르트 시에 있는 호엔하임 대학의 동물생리학 교실에 겨우 일자리를 구한 때의 일이다. 흄도 근속 10년째의 '사바티컬 리브(Sabbatical Leave)'라는 1년간 해외 연구로 같은 연구실에 왔다.

그 당시 필자는 마음에 드는 반추동물의 위에 관한 연구로는 밥을 먹을 수 없어 할 수 없이 대장(大腸) 연구를 시작했다. 그런 일도 있고 해서 원래는 '반추동물 전문가'였던 흄과 마음이 맞았고 외국인이라는 점에서도 사이가 좋았다.

우리가 있었던 연구실은 엉뚱한 곳이어서, "외국인이 두 사람이나 있고, 우리의 영어 공부에도 도움이 될 테니 연구실에서는 영어로만 말하기로 하자"라고 결정했다. 학생이나 기술직원들은 괴로웠을 것이다. 그런 일로 인해 필자나 흄은 처음에는 독일어가 전혀 늘지 않았다. 그 대신 필자는 오스트레일리아식 영어는 실력이 늘었다.

매주 수요일 점심시간은 스포츠의 날로 정해져 있었으므로 연구실 희망자끼리 농구를 했다. 이것도 반년에 한 사람 정도는 팔뼈가 부러지거나 발을 삐는 사람이 생길 정도로 과격한 것이었다. 농구 하는 모습을 보고 흄을 '캥거루'라고 불렀다. 이유인즉 흄은 캥거루 영양학의 연구로도 유명했으나, 슛할 때 양다리를 모아 점프하기 때문이었다. 어쩌면 그는 농구할 때에도 캥거루에 대한 의리를 저버리지 않는지도 모른다.

필자는 키가 작으니 키가 180㎝인 주임 교관 볼프강 폰 엥겔하르트 교수나 그의 동료인 볼프강 크라우스 군의 2m 정도 되는 친구들의 벽에 둘러싸이면 마치 우물 속에 빠져든 것 같아 중거리 슛밖에는 할 수 없었다.

남서 독일의 슈투트가르트 시를 둘러싼 언덕 위에 자리 잡은 호엔하임 대학에서 흄은 타마왈라비라는 소형의 캥거루나 케냐 일대의 바위산에 서식하는 록 하이랙스라는 동물의 수분 대사나 에너지 대사를 연구했다.

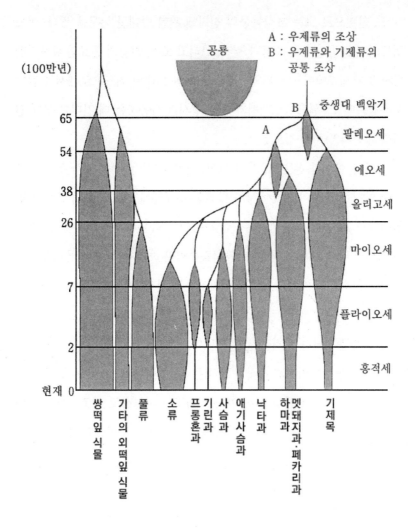

〈그림 1-3〉 우제류와 풀류의 발전. 소과 동물은
풀류의 출현과 함께 지상에 퍼졌다
[Van Soest "Nutritional Ecology of the Ruminants"(1982)에서]

또 한편으로 그는 초식동물의 진화에 관한 방대한 논문을 썼다. 어느 정도의 대논문인가 하면 흄과 필자, 그리고 또 한 사람의 동료인 류프자멘 박사가 카세트테이프에 기억시키는 IBM의 오래된 워드프로세서를 같이 사용했는데, 그 워드프로세서가 매일 장시간 사용하는 데 견디다 못해 연기를 내면서 타버릴 정도였다.

그 논문에서 흄은 여러 가지 초식동물의 성쇠(盛衰)를 조사했다. 이제까지 발견한 화석의 기록에서 이를테면 우제류에 어느 정도의 종류가 있었는가를 조사했다. 실제로는 일본사슴이니 붉은사슴이니 하는 종의 수가 아니고 사슴속이니 말코손바닥사슴속이니 하는 속의 수가 어느 정도였는가를 밝히는 것이었다. 그 결과 기제류는 신생대의 시초인 지금으로부터 5400만 년 전쯤부터 수가 늘어나기 시작했으나 현재에 이르러서는 벌써 전성기를 지났다는 것을 알게 되었다.

우제류가 두드러지기 시작하는 것은 신생대 중기인 마이오세, 즉 지금부터 약 2600만 년 전경이다. 이때는 기후가 서늘하고 건조했으므로 외떡잎식물인 '풀'이 여러 가지 출현해 육상에는 초지가 확대된 때이기도 하다. 이후에는 우제류, 그것도 반추동물의 종류가 늘어났다. 따라서 반추동물은 제법 건투하고 있다고 해도 좋을 것이다.

02
반추동물의 위 속에 비밀이 있다 ——— +

왜 셀룰로오스를 소화할 수 있나?

그럼 본래 문제로 돌아가서 반추동물인 소나 양은 왜 풀을 소화할 수 있는가를 생각해 보자.

먼저, 이 '왜'라는 것이 마음을 놓을 수 없는 복병이다. 이유인즉 '왜' 속에는 '어떠한 구조로서'라는 물음과 '어떠한 이유에서'라는 물음이 포함되어 있기 때문이다.

전자에 대해서 필자는 낙관적이며 방향만 틀리지 않으면 과학자의 노력으로 조금씩 해명할 수 있다고 믿는다. 그러나 그러한 구조가 생긴 것은 어떤 이유 때문인가 하고 물으면 아마 자연과학자로서는 대답할 수 없는 물음인지도 모르겠다. 그러므로 "반추동물이 풀, 특히 그 속의 셀룰로오스를 소화하는 구호는 어떤 것일까?"라는 물음으로 바꿔 생각해 보자.

우리가 먹는 밥의 주성분은 녹말이다. 얼레지나 옥수수가루는 거의 순수한 녹말이다. 밥이 소화가 잘 되는 것을 생각하면 알 수 있듯이 잘 가열해 알파화한 녹말은 소화가 매우 잘된다.

그런데 녹말과 셀룰로오스는 성분이 똑같다. 둘 다 '포도당'이라는 당

(단당)이 여러 개 이어진 것이다. 그런데도 녹말은 소화가 잘 되고 셀룰로오스는 소화가 잘 되지 않는 까닭은 무엇일까?

녹말과 셀룰로오스는 포도당의 연결 상태가 다르다. 즉 이어지는 상태의 차이에 따라 소화가 잘 되기도 하고, 잘 안 되기도 한다. 왜 그럴까 하는 것을 생각하기에 앞서 '소화'에 대해 생각해 보자.

흔히 '소화·흡수'라고 한마디로 말하는데 이것은 각각 다른 것이다. 당연한 일이지만 우리의 몸은 외부 세계와 구분되어 있다. 그렇지 않다면 목욕탕에 들어가면 설탕을 홍차 속에 넣었을 때와 같이 녹아 버릴 것이고 공기 속에 있으면 끈처럼 말라버릴 것이다.

그렇게 되지 않는 것은 몸 표면에는 뚜렷한 '덮개'가 있기 때문이다. 몸 표면에는 피부니 점막이니 하는 덮개가 있다. 이 덮개의 가장 바깥쪽을 덮는 세포가 럭비의 세트스크럼처럼 서로 단단히 이어져 있어, 쉽사리 아무것이나 통과시키지 않도록 되어 있다.

여기에 관련된 내용은 다른 책에 썼으므로 상세한 것은 필자의 『이제야 알게 된 대장·내막 이야기』를 읽어 주기 바란다.

우리의 몸은 '산적꼬치' 같은 것이다. 산적꼬치의 바깥쪽, 즉 구워진 쪽은 껍질로 덮여 있다. 산적꼬치의 안쪽 표면, 즉 '구멍'에 접하는 쪽의 표면도 외계와 접한다. 그러므로 구멍 속의 공기는 바깥 공기와 연계되어 있다. 우리의 몸에서 이 구멍에 해당하는 것이 위나 장 같은 소화기관이다. 우리가 무엇을 먹는다는 것은 음식이 이 구멍 속을 통과한다는 뜻이다. 따라서 소화관의 표면이란 몸이 외계와 접하는 최전선인 것이다.

큰 분자도 효소로 자르면 흡수할 수 있다

몸 밖으로 향하므로 소화관 표면의 세포[전문용어로는 '점막상피세포(粘膜上皮細胞)'라고 한다]도 물질을 호락호락 통과시키지 않는다. 어떤 것을 통과시키는가 하면 우선 작지 않으면 안 된다. 예를 들면 포도당 정도 크기의 분자, 분자량으로 말하면 180 정도의 것이라면 통과할 수 있다. 단, 포도당은 세포막을 직접 통과하는 것이 아니라 세포막에 있는 특별한 통과로를 통해서 빠져나간다. 그런데 포도당이 2개로 이어진 크기가 되면 벌써 통과할 수가 없다. 그러므로 포도당이 여러 개 이어진 녹말이나 셀룰로오스 같은 큰 분자는 전혀 통과할 수 없다.

흡수란 여러 가지 물질을 체외에서 체내로 들어오게 하는 것이다. 그러니 이제까지의 설명을 바꿔 말하면 포도당은 흡수할 수 있으나 녹말이나 셀룰로오스는 흡수할 수 없다는 뜻이다. 아마, 얼레지 가루가 그대로 세포 속을 통과해 혈액 속을 흐른다는 것은 생각만 해도 기분이 나쁘다.

흡수할 수 있게 하려면 녹말과 같은 큰 분자를 작게 만들어주면 된다. 이처럼 소화관 속에서 음식물을 흡수할 수 있을 정도로 작게 하는 것을 '소화'라고 한다.

우리는 음식물을 어떻게 소화하는가? 우선 이로 씹어서 음식물의 알갱이를 물리적으로 잘게 만든다. 또 한 가지는 음식물의 성분을 흡수할 수 있는 크기까지 화학적으로 분해한다. 즉, 큰 분자 속의 화학 결합을 절단하는 것이다.

그런데 생물체 내에서 일어나는 반응은 보통 볼 수 있는 화학 반응과는 약간 다르다. 보통 일어나지 않는 반응이 생긴다.

생물의 세포는 '효소'라는 물질을 만든다. 이 효소는 보통으로는 일어나기 어렵거나 일어나도 비현실적인 정도로 느린 화학 반응이 일어나기 쉽게 한다. 음식물을 소화할 때도 '소화 효소'가 활약한다. 비유해서 말하면 소화 효소는 분자를 절단하는 가위 같은 것이다. 그런데 이 가위란 것이 대단히 성미가 까다롭다. 그 뜻은 절단하는 상대를 엄격하게 고른다는 말이다. 융통성이 없는 공무원 같다고도 할 수 있다. 자기가 담당하는 것 이외의 상대에 대해서는 전혀 모른 체한다. 예를 들면 녹말을 분해하는 효소는 셀룰로오스라고 할지라도 구성 성분이 같다 해도 포도당 연결 방법이 다르다는 것을 알면 관여하지 않는다.

포유동물은 셀룰로오스 분해 효소를 만들 수 없다

셀룰로오스를 담당하는 소화 효소가 있으면 우리도 셀룰로오스를 분해해서 포도당으로 만들어 소장에서 흡수할 수 있다. 그렇게 된다면 땅 위에서 가득히 자라는 나무나 풀의 셀룰로오스를 우리도 먹을 수 있으므로 식량 문제 같은 해결은 간단하다. 그런데 세상은 그렇게 쉽지 않다.

포유동물의 세포는 셀룰로오스 분해 효소를 만들 수 없다. "왜?" 하고 물어도 필자도 모른다. 대학원생 시절에 지도 교수로부터 "사카타 군의 장점은 사물을 모른다는 것으로 처리하는 것이야" 하면서 칭찬(?)해 줄 정도였다. 모르는 것을 부끄러워할 필요는 없다. 실제로 사물에 대해 많이 알지 못해도 그럭저럭 밥은 먹을 수 있을 정도의 연구자로서는 지낼 수 있다. 그러나 필자가 은밀하게 마음속에 그리는 '학자'가 되려면 사물을 많이 알아둘 필요는 있을 것 같다.

어쨌든 사람에게는 셀룰로오스 분해 효소를 만드는 유전적인 정보는 없다. 포유동물만이 아니라 곤충이든 지렁이든 어류 등의 동물에서도 셀룰로오스 분해 효소를 갖는 동물은 거의 없다. 예외는 민달팽이나 조개류뿐이다. 그런데 식물의 입장에서 보면 셀룰로오스 분해 효소를 갖는 동물이 거의 없다는 것은 형편상 매우 좋은 일이다. 동물이 쉽게 셀룰로오스 분해 효소를 만든다면 식물은 곤란해진다.

셀룰로오스는 식물의 골격 같은 것으로 식물의 구조적인 강도를 유지한다. 따라서 셀룰로오스를 소화할 수 있는 동물이 많으면 식물은 금방 먹히고 만다. 그런데 당분이나 녹말은 사정이 다르다. 이러한 물질은 종자나 과실, 알뿌리 등에 다량으로 함유되어 있다. 바꿔 말하면 당분이나 녹말은 식물의 번식기관에 많이 함유되어 있다.

이러한 물질을 먹는 동물은 많으나 그러한 동물이 먹는 것은 이미 성숙한 식물이다. 또한 꽃의 꿀이나 과실이나 종자 등이 먹혔다 해도 그 식물 개체의 생사에는 직접 관계없는 경우도 많다.

식물이 꿀이나 과실을 만들 정도의 성장 단계에 이르렀을 때 그 식물의 일부가 살아남으면 식물은 자체의 유전 정보를 다음 세대에 전할 수 있다.

경우에 따라서는 일부러 맛있는 과실을 동물이 먹게 해 소화하기 어려운 종자가 소화관 속을 통과하는 사이에 동물이 이동한 만큼 자기 유전 정보를 멀리 전파하는 방법도 있다.

소화관에 서식하는 미생물이 해결사

그렇다면 초식동물은 어떻게 살아가고 있을까. 실은 이제까지 필자가 써온 내용 중에는 어느 정도 연구자로서의 교활한 부분도 없지 않다. 동물의 세포는 셀룰로오스 분해 효소를 만들 수 없다고 썼으나 우리들의 소화기 속에 이 효소가 없다고는 쓰지 않았다. 마치 정치가 같은 '우물거리는' 표현이 아닐까. 사실대로 말한다면 여러 가지 포유동물의 소화관 내에는 셀룰로오스 분해 효소가 있다. 무엇이 이 효소를 만들까?

그것은 소화관 속에 서식하는 미생물이다. 사람을 포함해 포유동물의 소화관 내에는 여러 가지 미생물이 산다. 사람의 경우는 입속과 소장의 끝부분에서 대장에 걸쳐서 주변에 세균(박테리아)이 서식한다. 동물에 따라서는 세균 외에도 곰팡이류(진균)나 프로토조아(원충)도 살고 있다.

미생물은 나쁜 것인가

"그런 나쁜 것은 싫어요!"라고 해도 할 수 없다. 여러분도 이러한 것들과 함께 사는 것이다. 우리가 매일 두 번 정도 샤워를 해 온몸을 씻는다고 해도 우리의 몸 표면에는 여러 가지 미생물(대개는 세균)이 있다. 그것이 정상이다. 얼굴의 표면에도 있고, 앞에서 말한 대로 소화관 내에도 많이 있으며 여자들은 질 속에도 있다. 그것이 보통이고 매우 정상적인 것이다.

왜 정상인가 하면 이러한 미생물이 없으면 신체 작용에 이상을 일으킨다. 물론 청결하게 사는 것은 중요한 일이지만 지나치면 좋지 않다. 동거하는 미생물들을 생각해 줄 필요가 있다.

방이 4개인 위

반추동물의 소화관에도 미생물이 많다. 도대체 어디에 살고 있는가 하면 위 속과 대장 속에 있다. '이상한데? 위에서는 염산이 분비되므로 입을 통해 들어온 세균을 죽인다고 배웠는데' 하고 말하는 사람도 많을 것이다. 사람의 경우에는 맞는 말이다. 사실, 반추동물의 경우에도 절반쯤은 맞는 말이다.

사람의 위는 하나의 방으로 되어 있으나 반추동물의 위에는 네 개의 방이 있으며 염산을 분비하는 곳은 마지막 방 하나뿐이다. 처음 세 개의 방을 '전위(前胃)'라고 부르는데 여기서는 염산이 분비되지 않는다. 그러므로 전위 속은 중성에 가까운 약산성(pH 6~7)이다. 이 전위 중 처음 두 개 (학술 용어로는 간단하게 '제1위'와 '제2위'라고 한다)의 내용물에는 많은 미생물이 살고 있다.

내용물 1㎖, 다시 말해 1㎝ 각이 진 주사위 속에 개체수로 말하면 세균이 수천억, 프로토조아가 수십만 살고 있다. 지구의 인구가 100억이 채 못되므로, 사방 1㎝의 주사위 속에 지구 수십 개 정도의 인구와 맞먹는 수 또는 은하계에 있는 별의 수만큼의 세균이 살고 있다. 그 속에 셀룰로오스를 분해할 수 있는 세균과 진균이 있다. 즉, 위의 처음 부분에 있는 박테리아와 곰팡이가 열쇠인 것이다.

방을 구분하면 혼돈이 없다

아무리 미생물이라도 전위에서 흘러나와 위의 마지막 부분(전문 용어로는 '제4위'라고 한다)에서 염산에 닿으면 죽고 만다. 특별히 산에 강한 무리는 아니다. 그러므로 셀룰로오스를 분해할 수 있는 미생물을 위 속에 살려 두려면 염산과 닿지 않도록 할 필요가 있다. 그러기 위해서는 특별한 구조가 필요하다. 그중에서 가장 보편적인 방법은 위를 몇 개의 방으로 구분하는 것이다. 그렇게 하면 미생물이 사는 곳과 염산이 분비되는 부분을 나눌 수 있다.

위가 많이 있는 동물들

누구나 자기에게 가까운 존재일수록 잘 알고 있으므로 우리 인간을 기준으로 해서 여러 가지 생물을 생각한다는 것은 보통 있는 일이다. 그러

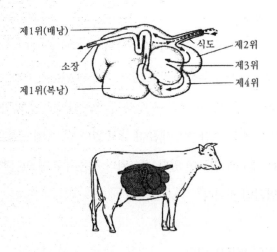

제1위(배낭)
식도
제2위
소장
제3위
제4위
제1위(복낭)

〈그림 1-4〉 소의 위에는 네 개의 방이 있다
[K.슈미트 닐센 "Animal Physiology" 1983년에서]

나 그것과 사람이 전통적인 포유동물인지 어쩐지 하는 것과는 별개의 문제이다.

사실, 반추동물의 연구자라도 반추동물처럼 위가 많은 방으로 구분되어 있는 것은 아주 특수한 사실로 여기는 사람이 많다. 일본이나 미국에는 그러한 사람이 아직도 많다고 여겨진다.

연구자 출신에도 문제가 있을 것이다. 그 이유는 일본이나 미국의 반추동물 연구자 중에는 축산학 출신자가 많다. 그런데 두 나라 모두 축산학 교육 과정에 가축 이외의 동물에 대해서 교육하는 부분이 별로 없다. 그러니 다른 동물에 대해 모르는 것은 당연하다.

필자도 그러한 교육 과정을 밟았는데 대학 시절에는 공부 외에도 재미있는 일이 얼마든지 있었으므로 별로 학교에 가지 않았다. 그러니 아직도 축산학에 관해서는 모르는 것 투성이다. 그런데도 이럭저럭 졸업할 수 있었으니 그 당시의 도호쿠 대학은 너그러운 대학이었다.

그 후 대학원에 진학했으나 소속된 연구실이 인기가 없어 교직원이 학생과 대학원생을 합한 수보다 많은 연구실이었다. 필연적으로 교육의 밀도가 높아져 마치 개인 지도를 받는 것 같은 경우가 많았다. 다행스러운 것은 지도 교수인 다마테 선생님이 이학부 출신이며 놀랍게 시야가 넓은 부드러운 분이었다는 것이다. 또 한 가지는 선생님이 사용한 교과서가 훌륭한 책이었다는 것이다. 가토 요시타로 선생님이 쓰신 『가축 비교 해부학도설』이라는 책인데 포유동물을 비롯해 어류나 양서류, 파충류의 소화관 등에 대해서도 그림이 실려 있었다.

필자가 "밥주머니가 네 개라니, 참" 하고 감동할 때 다마테 선생이 "이런 문헌이 있다" 하시며 1930년대의 독일 비교 해부학 문헌의 사본을 주셨다. 받아 보니 페룬코프라는 사람의 논문이었는데 여러 척추동물의 위에 관한 것이 그림과 함께 씌어 있었다. 읽어 보니 밥주머니가 많은 방으로 구분되어 있는 동물은 꽤 많다는 것을 알았다.

포유동물만 해도 예를 들면 중근동의 사막에 서식하는 시리안햄스터는 2실, 북방대륙밭쥐나 낙타, 붉은 캥거루 등은 3실, 하마는 4실이며 위가 나눠져 있는 동물은 그렇게 희귀한 것도 아니었다. 분류학적으로 보아도 여러 종류의 다양한 식성의 동물이 있다.

필자가 학부 학생이었을 당시에는 "시리안햄스터의 위는 구분되어 있으니, 반추동물용의 실험동물로 사용한다."는 사람들이 있었는데 그런 뜻에서 필자에게는 약간 지나치게 단순한 생각이 아닌가 싶었다. 그래서 졸업 연구에는 시리안햄스터 위의 생후 성장을 조사했다. 그런데 햄스터 위의 성장은 반추동물의 경우와는 너무나도 달랐다. 햄스터의 위에 대해서는 기능적인 연구도 그 후 진척되어 지금은 햄스터를 반추동물용의 실험동물로 사용하려고 하는 생각은 덜하게 되었다.

땅속에도 셀룰로오스를 분해하는 미생물이 있다

포유동물의 소화관 내외에도 셀룰로오스를 분해하는 미생물은 얼마든지 있다. 유명한 것은 땅속에 있는 미생물이다.

가을이 되면 벼 베기를 한다. 벤 자리에는 그루나 뿌리가 남는다. 최근에는 탈곡한 후의 볏짚을 잘게 썰어 논에 뿌리기도 한다. 그루나 볏짚에도 많은 셀룰로오스가 있다.

이것 외에도 우리들의 주변에는 순수한 셀룰로오스가 많이 있다. 그것은 종이나 목재나 무명이다. 그런데 덴표(天平: 서기 729-749) 시대부터의 목조 건축이나 고문서 등을 보면 알 수 있듯이 셀룰로오스는 쉽게 분해되지 않는다. 꽤 안정된 물질이다.

그러면서도 같은 논에 매년 벼를 심고 매년 그루나 뿌리가 남는데도 논이 온통 볏그루로 쌓였다거나 볏짚으로 쌓였다는 소식은 들어본 적이 없다. 그루나 뿌리의 주성분은 셀룰로오스이지만 이러한 셀룰로오스는 흙 속에서 분해되어 버린 것이다.

또한 숲속에는 나뭇잎이 떨어지고 나뭇가지도 떨어진다. 때로는 나무가 쓰러지는 경우도 있다. 그렇지만 나뭇잎은 쉽게 썩고 굵은 나무도 몇 년이 지나면 썩어 버린다.

사실은 논이나 숲의 흙 속에도 셀룰로오스를 분해하는 박테리아나 곰팡이 종류가 많다. 이러한 미생물의 작용으로 인해 볏그루가 분해되거나 낙엽이 흙으로 되기도 한다.

원조는 흰개미의 미생물

우리 주변에도 나무를 먹고 사는 동물이 있다. 잘 아는 흰개미가 바로 그것이다. 실은 흰개미도 스스로 셀룰로오스를 분해하는 효소를 만들 수 없다. 그렇지만 보기에는 매우 작아 보여도 소화관 속에는 미생물이 있으

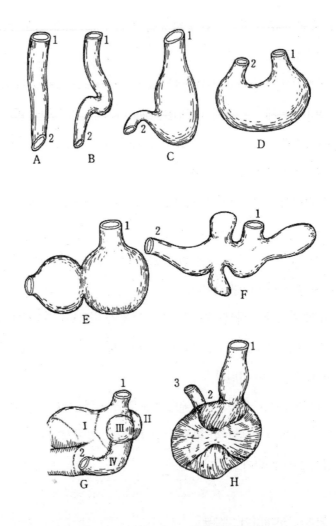

A. 동갈치(어류) B. 도마뱀 C. 바다표범 D. 개
E. 산쥐 F. 세발가락 나무늘보 G. 염소 H. 닭
1. 본문 2. 유문 3. 십이지장 I ~IV. 제1위~제4위

〈그림 1-5〉 동물의 위는 '하나의 방'만 있는 게 아니다

며, 그 미생물이 셀룰로오스 분해 효소를 만든다. 이 정도의 설명으로서도 "아아, 그렇구나." 하고 납득되겠지만, 실은 흰개미의 연구야말로 풀을 먹는 기능과 구조를 연구하는 데 대한 기초가 된다.

반추동물의 소화 기능을 공부한 사람이라면 대부분 아는 연구자로 미국 사우스캘리포니아 대학의 봅 한게이트 교수가 있다. 그는 원래는 흰개미가 나무를 먹는 기능에 관해 연구했다. 그 결과 흰개미 소화관 속의 미생물이 관건이라는 것을 알게 되었다. 이렇게 말하면 쉬운 것 같지만 그 뒷면에는 획기적인 기술 개발이 있었다.

흥미로운 것은 셀룰로오스를 분해하는 세균이나 진균 중에는 산소를 싫어하는 종류가 많다. 산소에 닿기만 해도 죽는 종류가 있을 정도로 싫어한다.

그러므로 이러한 미생물을 연구할 때는 미생물이 산소 때문에 죽지 않도록 해야 한다. 보통의 연구자 같으면 "그것은 어렵기 때문에" 하며 탄식이나 늘어놓고 낙담하겠지만, 한게이트 교수(그 당시는 아직 교수는 아니었다)는 배양액에서 시험관의 고무마개까지 자신이 고안해 '한게이트 롤 튜브법'이라는 배양 방법을 개발했다. 1940년대의 일이다.

실은 대장 내의 세균에 산소를 싫어하는 세균이 많다. 그러므로 요즘 활발한 장내 세균 연구나 그것과 관련된 음식물 섬유의 연구에 '한게이트 롤 튜브법'을 지금도 적용한다.

그런데 이 방법에도 결점이 있다. 미생물을 배양하는 시험관에 마개를 할 때 보통의 고무마개는 틈이 생기기 쉬워 공기를 통과시킨다. 그러므로

'부티르 고무'라는 끈끈한 합성 고무로 만든 마개로 막는다. 그렇지만 끈끈하므로 시험관에 끼울 때 힘이 든다. 그러니 이 작업만 계속하면 건초염(膜鞘炎)에 걸리기 쉽다. 또한 끼울 때 무리를 하면 시험관이 깨져 다치는 경우도 있다.

필자는 배양을 하지 않았으므로 직접 책임은 없었으나 뭔가 좋은 방법이 있어야 하겠다고는 생각했다. 그래서 1984년에 캐나다에서 있었던 국제 학회에서 한게이트 교수에게 그 말을 했다. 교수는 "그런 문제가 있었는데도 그대로 기술 개량을 하지 않은 것은 태만이라고밖에 할 수 없다"라고 말했다. 참으로 지당한 말씀이다.

방이 많으면 셀룰로오스를 분해할 수 있는가?

많은 동물이 여러 개의 방으로 구분된 위를 갖는다면 그러한 동물들도 반추동물과 같은 과정을 거쳐 발전해도 좋으련만 그렇게는 되어 있지 않다. 초식동물로서 발달하는 데는 더 많은 여러 가지 구조가 필요하다.

우리는 얼레지 가루를 약간 입속에 넣고 잠시 있으면 단맛을 느낀다. 즉 입에 넣은 다음부터 단맛을 느낄 때까지 사이에 녹말이 분해되어 당이 되었기 때문이다. 빠를 경우에는 1분도 걸리지 않는다.

사람은 음식물을 효소로 분해해 흡수하는 작용이 주로 소장에서 이루어진다. 그러나 음식물이 소장 내에 멈춰 있는 시간은 불과 2~3시간이다. 그동안에 신체를 유지하는 데 충분한 영양분을 소화하며 흡수한다. 그렇지만 셀룰로오스를 분해하는 데는 시간이 걸린다. 그러므로 소화관 내

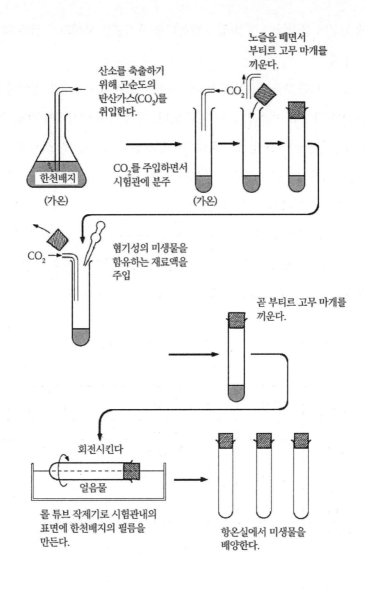

산소를 축출하기
위해 고순도의
탄산가스(CO_2)를
취입한다.

노즐을 배면서
부티르 고무 마개를
끼운다.

CO_2

CO_2를 주입하면서
시험관에 분주

한천배지

(가온)

(가온)

CO_2

혐기성의 미생물을
함유하는 재료액을
주입

곧 부티르 고무 마개를
끼운다.

회전시킨다

얼음물

롤 튜브 작제기로 시험관내의
표면에 한천배지의 필름을
만든다.

항온실에서 미생물을
배양한다.

〈그림 1-6〉 한게이트의 혐기 롤 튜브법

에 천천히 음식물이 멈춰 있지 않는다면 음식물은 분해되기 전에 배설되고 만다.

표를 보면 평균적으로 음식물의 입자는 소는 40~50시간, 양이나 염소는 30시간 정도 반추위 속에 멈춰 있다. 이에 비해 대장에서 발효시키는 동물에서는 10시간 정도밖에 대장에 멈춰있지 않는다. 즉 소는 음식물을 평균 2일간이나 반추위에 두고 있다. 이것은 어디까지 평균이므로 그중에는 1주일 정도나 남아 있는 것도 있다.

같은 표에서 또 한 가지 흥미로운 것은 반추동물은 음식물의 덩어리나 알맹이, 즉 고형 부분은 위 속에 오랫동안 두지만 액체는 지체 없이 소장으로 흘려보낸다. 이것에 대해서는 나중에 다루기로 하자.

〈표 1-7〉 고형물과 액체는 소화관 내에 체류하는 시간이 다르다
〔P. van Soest "Nutritional Ecology of the Ruminants"(1982)에서〕

종	체중 (kg)	전소화관		발효 부위 (반추위 또는 대장)	
		고형물	액체	고형물	액체
반추동물		(숫자는체류시간)		(숫자는체류시간)	
소	555	79	29	47	15
양	30	70	38	35	19
염소	29	52	39	28	19
비반추 동물					
말	388	29	29	10	11
포니	132	34	26	10	9
사람	70	41	39	12	12
토끼	3	9	193	4	180

천천히 음식물을 두기 위해서는 어떻게 하면 좋은가 하면 음식물을 넣어 두는 장소가 크면 좋다. 간단하지만 이것은 반추동물의 기본적인 하나의 전략인 것이다. 또 한 가지는 음식물이 유출되지 않도록 출구에 '검문소'를 두는 것이다. 반추위의 출구에는 이러한 검문소도 있다.

소의 밥통은 드럼통 하나의 크기!

필자는 고등학교에 이어 대학에서도 조정부에 가입했는데 작년부터 다시 선수 등록을 했다. 그러한 관계로 연하의 친구들을 사귀었는데 그중에는 대단한 대식가들이 있다. 이를테면 점심 한 끼에 튀김덮밥과 생선덮밥 그리고 라면을 단번에 먹을 정도이다.

하지만 이런 사람이라 해도 위의 용적은 2ℓ 정도이다. 필자도 대학 시절 여름 합숙 훈련에서 우유 한 병을 멈추지 않고 한꺼번에 마신 일이 있다. 코치에게 들키면 "자네, 배탈 나겠네." 하면서 걱정하므로 몰래 마시기도 했다. 연습이 끝난 후 목이 아무리 말라도 마시는 양은 1ℓ 정도가 한계였다.

그렇다면 반추동물의 밥통은 어느 정도로 클까? 우선 체중이 사람과 비슷한 양의 경우 위 전체의 용적이 15ℓ 정도이다. 등유를 넣는 플라스틱통의 약 4분의 3이다.

미생물이 활동하는 곳은 위의 좌측에 있는 제1위와 제2위라는 부분이다. 이 두 부분은 연결되어 있어 협조하면서 작용한다. 그러므로 제1위와 제2위를 함께 '반추위'라고 부른다. 반추할 때는 이 부분의 알맹이, 다시 말해 소화 중인 음식물이 식도를 통해 입으로 올라가고 입에서 되돌아온 것은 이 부분으로 다시 온다. 이 반추위의 용적은 10ℓ 정도이다. 그러니 우리들 위보다 5~10배나 크다.

그렇다면 소의 밥통은 얼마나 클까? 최근의 육우(肉牛)는 출하 체중이 점점 커져서 700㎏ 정도에서 출하된다. 이 정도의 소 밥통은 4개 방을 합쳐서 180ℓ 정도이다. 즉 드럼통 하나에 해당하는 밥통을 배 속에 넣고 소는 움직인다. 반추위만 해도 150ℓ 정도는 되며 내용물은 100ℓ 정도는 들어갈 수 있다. 소의 반추위는 가정용 목욕통 정도는 된다.

반추동물은 이렇게 큰 위를 갖고 있다. 그러므로 반추동물을 궁둥이 쪽에서 보면 허리폭보다 배폭이 더 크다. 기회가 있으면 한번 관찰해 보기 바란다.

크다는 것은 좋은 일이다

이렇게 덩치 큰 밥통이면 실험하기에는 편리하다. 반추동물의 연구가 발달한 중요한 요인 중 하나는 발효 탱크인 제1위에 손쉽게 구멍을 뚫을 수 있는 데 있다. 구멍을 뚫는 수술을 할 때 위가 크면 쉽게 할 수 있다.

제1위는 배 속 좌측 벽에 붙어 있다. 그러므로 뱃가죽과 위 양쪽에 구멍을 뚫고 서로 연결하면, 몸 밖에서도 위의 내용물을 간단하게 집어낼 수 있다. 또한 위가 크므로 양은 지름 5㎝, 소의 경우는 지름 30㎝나 되는 구멍을 뚫어도 아무런 탈도 없이 식욕도 떨어지지 않고 출산도 하고, 젖도 짠다. 그러므로 소의 경우 '위 내용의 채취'라고 실험 노트에 쓰기는 하나,

실은 비커를 구멍에다 넣고 위의 내용물을 떠내는 것뿐이다.

이 정도 크기의 구멍이라면 마음만 먹으면 소의 밥통 속에 등산용 헤드램프를 달고 머리를 집어넣을 수도 있다. 그러나 반추위 속에는 산소가 거의 없으므로 호흡할 수가 없다. 물론 내용물의 냄새는 강렬하다. 앞에서 말한 위 내용물 속에 있는 미생물의 수 등은 이러한 구멍에서 내용물을 채취해 조사한 것이다.

위 속의 영화를 찍는다

반추위의 출구에 있는 '검문소'가 내용물을 멈추어 두는 것이 중요하다고 앞에서 말했는데 이 검문소의 기능이 밝혀지게 된 것은 실은 한 편의 영화와 같았다.

1978년, 필자가 슈투트가르트 시의 호엔하임 대학에서 연구하기 시작

〈그림 1-8〉 소의 위에 구멍을 뚫는다

했을 때, 같은 동물생리학 교실의 에아라인 교수를 중심으로 한 연구팀은 교육용 영화를 제작했다. 반추위의 운동 상태를 찍은 것이다.

에아라인 교수는 소장 등 소화관의 운동 연구로는 세계 제1인자이며 실험 수술의 명인이기도 하다. 동시에 승마의 명수이며 주말에는 승마용 트레일러를 달고 대학에 온다.

호엔하임 대학이란 원래는 뷔르텐베르크 후작의 영지나 정원을 관리하기 위한 농업 기술자를 양성하기 위한 학교였다. 그것이 점차 발전해 종합대학이 된 것이다. 그러니 캠퍼스도 슈투트가르트 시를 둘러싼 언덕 위에, 즉 옛날에는 뷔르텐베르크 후작의 별궁이 있었던 장소에 있다. 현재에도 당시의 건물이 남아 있고 사무 부문은 별궁 건물에 있으므로 사무 부문에 대해서는 '성'이라고 부른다.

필자가 갔을 당시는 호엔하임의 동물생리학 교실이 생긴 지 10년쯤 되는 때로서 그야말로 황금시대였다. 볼프강 폰 엥겔하르트 교수를 쉐프(어쩐지 독일에서는 이런 경우에는 프랑스어를 쓴다)로 하는 연구팀에 필자도 끼게 되었는데 연구과제는 대장의 흡수 기작에 관한 것이었다.

당시 우리들의 동물사(動物舍)는 '엥겔하르트 동물원'이라고 불렸다. 남서 독일의 언덕 위에 라마나 타마왈라비, 록 하이랙스, 모래쥐 등이 살았다. 우리는 언덕 위의 동물사를 다니면서 여러 가지 동물의 소화·흡수의 기능이나 대사를 비교하는 그야말로 장대한, 그리고 마음 뿌듯한 연구를 했다.

필자의 대학, 대학원 과정을 통한 은사인 다마테 히데오 선생님은 '비교형태학자'이며 필자도 그 영향을 받아 가축만 전공하고 싶지는 않았다. 그러니 여기는 쾌적한 환경이었다.

맞은편 연구실에서는 헤르니케 교수의 연구팀이 토끼의 소화 기능을 개체의 채식 행동에서 세포 수준의 수송 현상까지 연구했다. 같은 층의 반대쪽 방에서는 에아라인 교수팀이 개 등의 소화 운동을 여러 가지 감지기나 아날로그 컴퓨터 등을 스스로 개발해 연구했다.

실은 이 세 사람의 교수는 모두 하노버 수의대학 출신이고 사이가 좋았으므로, 연구팀은 달라도 언제나 함께 운동하거나 차를 마시는 시간을 가지면서 즐겼다. 그런 분위기 속에서 만들어진 것이 반추위의 운동 모습을 학생들에게 가르치기 위한 영화이다. 지금이라면 비디오로 찍겠지만 15년 전이었다. 꽤 많은 예산을 따서 3개 연구팀이 공동으로 영화를 만들었다.

필자가 독일에 도착한 직후에 완성 시사회가 있어 이 영화를 볼 수 있었다. 영화에서 엑스선을 사용하기도 했으나 소의 위에 큰 구멍을 뚫고 거기에다 카메라를 넣어 직접 촬영하는 장면이 많았다.

위의 운동을 잘 알 수 있게 내용물을 끄집어내고, 위 속을 씻은 후, 내용물의 성분과 유사한 용액을 투입하고 곁들여 내용물 입자의 운동을 보기 위해 발포 스티롤의 작은 입자를 띄워 놓았다.

반추위 운동은 위의 뒤쪽(꼬리에 가까운 쪽)과 앞쪽(머리에 가까운 쪽)이 교대로 수축한다. 그러면 얼음주머니를 양손으로 밑에서부터 받쳐 왼손과 오른손으로 교대로 얼음주머니를 잡을 때처럼 내용물을 앞뒤로 이동한다.

이런 운동을 하다가 얼마 지나면 앞뒤가 함께 수축한다. 그러면 내용물이 위로(등 쪽으로) 올라가고 반추위에서 제3위의 출구[2, 3위구(胃口)라고 한다]보다 액면(液面)이 높아진다.

출구에는 '구조유두(鉤爪乳頭)'라는 돌기가 좌우에서 여러 개 돋아나 있다는 것쯤은 필자도 알고 있었으나 이것이 어떠한 작용을 하는지는 몰랐다. 그런데 내용물이 위쪽으로 올라가니 이 돌기가 돋아난 기부의 입술 같은 부분이 양측부터 걷어 올라와 돌기가 서로 마주하게 된다. 결국 바구니 같은 역할을 하므로 큰 입자가 흘러나가는 것을 막는다. 영화에서는 발포 스티롤 입자가 이 부분에서 막혔다.

이처럼 반추위의 출구는 참으로 적절한 높이에 위치한다. 또한 출구에는 큰 알맹이가 나가지 못하게 막는 장치가 달려 있다. 결국 반추위의 내용물은 장시간 위 속에 멈춰 있는 것이 가능하다.

이 영화는 1979년 프랑스에서 개최한 반추동물 국제 심포지엄에서 상영되었다. 각국에서 모인 최일선의 연구자들이 이 영화를 보고 아이들같이 흥분했던 것이 감동적이었다.

젊은 대학원생들 중에는 감지기니 프로브니 하는 새로운 멋진 이름의 기구를 사용하지 않으면 현대적인 자료는 얻을 수 없는 것으로 여기는 학생이 있는 것 같다. 그러나 생물학에서는 여기에서 말한 것과 같은 직접적인 증거보다 더 신뢰할 수 있는 자료는 없다. 이렇게 얼핏 보아 소박한 것 같은 방법의 또 한 가지 장점은 여기에서 말한 '검문소 효과'같이, 처음에는 기대하지 않았던 것까지도 발견할 수 있다는 것이다. 감지기 같은 것은 설계 시 고려한 기능 외에는 알려 주지 않는다.

운동이 중요하다

그런데 호엔하임 대학 사람들은 어째서 반추위의 운동을 학생들에게 가르치지 않았을까?

그것은 반추동물이 미생물의 도움으로 음식물을 소화할 때 소화 효과나 나아가서는 채식량에 크게 영향을 미치는 것이 반추위의 운동이기 때문이다. 이 이치는 같은 방법으로 소화하는 대장에도 해당된다.

그렇지만 세균이건, 곰팡이건, 프로토조아건 상관없이 활발하게 활동하기 위해서는 음식물이 필요하며 그러므로 배설물도 생긴다. 실은 반추동물은 이러한 미생물의 배설물이나 미생물 자체를 영양원으로 이용한다.

그런데 반추위가 움직이지 않으면 소가 에어로빅이라도 해서 몸 전체를 흔든다면 별문제가 없을지 모르나 그렇지 않다면 위의 내용물도 움직이지 않는다. 그러므로 이러한 상태에서 미생물이 주위의 영양원을 먹어치우면 먹을 것이 없어져 영양실조에 걸린다.

가령 영양원이 얼마든지 있다 해도 미생물 주변에는 배설물이 쌓인다. 우리도 배설물에 싸여 사는 것은 질색인데, 미생물도 마찬가지이다. 배설물(대사산물)이 주위에 쌓이면 대사를 멈춘다. 따라서 미생물에 의한 소화도 멈춰 버린다. 그러므로 미생물에 의한 소화 효율을 높이기 위해서는 내용물을 잘 섞는 일이 중요하다.

잘 섞기 위한 구조

이처럼 '섞을 필요가 있으므로 밥통은 내용물을 섞고 있다'라는 말은 문외한이나 하는 소리다. 만일 우리 학생이 이런 식의 리포트를 썼다면 낙제다. '어떤 구조에 의해 섞일까'를 생각하는 것이 생리학이라는 것이다.

앞서 말한 얼음주머니와 손의 경우라면 얼음주머니의 내용물을 잘 움직이기 위해서는 적절하게 시간 조절을 하며 왼손과 오른손을 교대하면서 잡을 필요가 있다. 그렇기 위해서는 양손의 여러 근육을 순서대로 수축해야 한다. 밥통의 경우도 기본적으로는 같은 식으로 한다. 위가 수축하는 원동력은 위의 외측에 있는 근육이다.

반추위, 즉 제1위나 제2위와 그것에 이어지는 제3위에는 3층으로 된 근육층이 있다. 우리들의 위나 여러 동물의 소장에는 근육이 2층으로 되어 있으나 반추동물의 전위에는 한 층이 더 있다는 뜻이다. 그러나 3층이어서 기능적으로 어떻게 다른가 하는 것은 아직 모른다.

오래된 책을 보면 반추동물의 전위는 식도가 변한 것이라고 기술되어 있다. 분명히 전위의 점막 모습은 식도와 비슷한 부분이 있기는 하나 식도에서 형성되었다는 것은 틀린 말이다. 1900년대에 이미 알려진 일이지만 발생학적으로는 소화관 중 곧 위로 되는 부분(방추형을 하므로 '방추위'라고 한다)이 부풀어서 전위를 형성한다. 그러나 형성된 위의 어디까지가 전위이고 어디까지가 우리들의 위와 같은 부분인가를 구분하는 기준을 알게된 것은 1970년대의 일이다.

실은 앞서 말한 3번째의 근육층이 바로 전위를 구분하는 표지이다. 그것을 밝힌 사람은 독일 기센에 있는 유스투스 리비히 대학의 의학부 해부학 교실에서 강의를 맡은 피터 랑거 박사이다. 필자보다 몇 살 연상이고 쉰 목소리로 말하는 랑거 박사와는 벌써 10년 이상 친구 사이다. 필자와 이안 흄이 호엔하임 대학에 있을 당시 랑거 박사가 호엔하임에 강연 차 왔다.

랑거 박사는 청중 속에 외국인이 섞여 있을 때는 독일어로 쉬운 단어나 문장만으로 고도의 연구 내용을 말하는 명인이다. 그러므로 겨우 문헌을 읽을 정도의 필자의 독일어 실력으로도 랑거 박사의 강연을 잘 알아들을 수 있었다. 강연이 끝난 후 "일본에서 왔다"는 것을 알렸더니, "그럼 Tamate 교수란 분을 알고 있는가?" 하고 묻는다. "나의 선생이다"라고 대답하니, "앗" 하고 몇 초 지난 후, "실은 나는 Tamate 교수를 존경한다"라고 랑거 박사가 말했다.

기뻤다. 유감스럽게도 일본 내에서는 다마테 선생님의 업적이 별로 알려져 있지 않으며 또한 다마테 선생님은 별로 유명하지도 않았다. 그런데 외국에서 처음으로 만난 연구자가 다마테 선생님의 연구를 높게 평가하는 것이었다. 다마테 선생님 밑에서 공부할 수 있어 다행이었다고 그때 비로소 깨달았다.

근육세포만 있어도 각각의 근육세포가 협조해 작용하지 않으면 내용물을 적절하게 섞을 수 없다. 이를테면 야구에서 공을 칠 때도 발과 상체, 팔근육 등을 동시에 움직였다 해도 공은 잘 쳐지지 않는다. 잘 치는 선수는 약간씩 타이밍을 늦춰서 근육을 수축시킨 뒤 친다.

밥통도 마찬가지다. 반추위의 벽에는 근육뿐 아니라 많은 신경이 있어 근육 운동을 통합하고 있다. 반추위 벽만이 아니라 일반적으로 소화관 벽에는 많은 신경세포가 있어 뇌에서 전해지는 신경 지령을 받으면서 여러 작용을 한다.

뇌의 지령이 없으면 내용물은 적절하게 섞이지 않는다. 필자가 두 번째 직장이었던 하노버 수의대학에서 근무했을 당시, 영국에서 온 피터 그레고리 박사는 양의 뇌와 반추위가 연결되어 있는 신경을 절단하는 실험을 했다. 그 결과 반추위의 운동은 엉망진창이었다. 사방 10㎝ 정도인 영역이 뒤죽박죽이고 다른 부분의 운동과는 전혀 무관하게 수축한다. 그러니 내용물이 섞일 리도 없다.

이렇게 글로 쓰니 간단한 것 같지만 내용물이 잘 섞이지 않으니 보통 건초나 곡물 같은 사료를 먹으면 양은 죽게 된다. 실은 그레고리 박사는 이 실험을 하기 위해 양을 박테리아의 대사산물인 짧은사슬지방산(短鎖脂肪酸)의 혼합물과 우유의 단백질인 카세인 용액의 액체 사료만으로 사육하는 방법을 적용했다.

잘 섞는 구조

우리의 위는 비교적 단순한 모양을 한 주머니인데 반추동물의 위의 모양은 꽤 복잡하다.

음식물은 긴 식도(소나 양의 목은 길다)를 통해 제2위에 들어간다. 제2위의 대체적인 모양은 거의 구형이고 단순한 모양을 이루고 있으나 내면에는 벌집 모양으로 높이 수㎜의 주름이 이어져 있다. 따라서 여기서 내용물이 움직이면 주름진 부분에서 내용물의 흐름이 소용돌이치면서 섞이게 된다.

근육의 테

제2위 뒤쪽(꼬리쪽)에 큰 제1위가 이어져 있다. 제2위와 사이는 가늘어져 있는데 근육 다발이 발달해 나무통의 테같이 되어 있다.

제1위에는 이러한 테가 여러 개 있다. 하나는 지구로 말하면 적도같이 제1위를 가로로 두른다. 그러므로 제1위는 조여진 데서 상반부와 하반부가 구분된다. 이것과 직교하는 것같이 앞쪽에 하나[전관상근주(前冠狀筋柱)]와 뒤쪽에 하나[후관상근주(後冠狀筋住)]의 다발이 뻗어 있다. 이러한 테가 있으므로 제1위를 안쪽에서 보면 조여져 있다.

그러므로 제1위와 제2위가 협조해 움직이면 내용물은 제1위의 뒤쪽의 큰 방(복낭)에서 그 앞의 작은 방(제1위 전방), 제2위의 순서로 움직인 다음에는 그 반대로 움직인다. 그때마다 테로 인해 생긴 조여진 부분을 통과하게 되므로 내용물은 효율적으로 섞일 수 있다. 그렇게 보면 반추위는 생각하기에 따라서는 교반 장치가 달린 발효 탱크라고 할 수 있다. 물론 체온에 의한 정밀한 온도 조절 장치도 달려 있다.

미생물은 무엇을 만드는가?

이런 따뜻한 서식처에서 미생물들은 무엇을 하는 것일까? 여러 가지 미생물이 있다는 것은 제각기 서로 다른 일을 한다는 뜻이다. 지금은 대부분의 미생물에 대해 어떤 종이 어떤 것을 재료로 해서 무엇을 만드는지를 알고 있다. 그러나 이러한 것은 전부를 알아야만 반추위에서 미생물의 작용을 알 수 있다는 뜻은 아니다. 반추위 속 미생물 전체를 하나의 체계, 즉 시스템으로 보고 이 시스템은 무엇을 하는가를 알게 되면 미생물과 반추동물과 상호작용은 뚜렷하게 밝혀진다.

결론부터 먼저 말하면 셀룰로오스든 녹말이든 반추위 속의 미생물은 탄수화물을 분해해 자기 몸을 형성하는 재료로 사용함과 동시에 아세트산이나 프로피온산, 부티르산 같은 짧은사슬지방산과 메탄이나 이산화탄소 같은 가스를 배출한다.

짧은사슬지방산이 에너지원

그런데 이때 생기는 짧은사슬지방산이 사실은 반추동물의 에너지원이다. 예를 들면 차돌박이의 기름이나 버터의 원료인 유지방은 주로 아세트산이며 우유에 함유된 젖당은 프로피온산으로 되어 있다. 부티르산은 반추위에서 흡수되는 과정에서 점막세포에서 소모된다. 불필요하게 쓰이는 것이 아니라 점막세포가 나트륨을 흡수할 때 에너지원으로 쓰인다.

"이상한데" 하고 알아차린 사람도 있을 것이다. 셀룰로오스는 포도당이 여러 개 연결된 물질이라고 설명했다. 그렇다면 미생물이 셀룰로오스를 분해해 포도당을 만들어야 될 것이 아닌가. 실제로 그러한 작용을 하는 세균이 반추위 속에 있다. 그렇다면 왜 반추동물은 그 포도당을 사용하지 않는 것일까. 여기에는 두 가지 이유가 있다. 첫째는 포도당이란 것은 우리 동물뿐 아니라 미생물도 가장 좋아하는 에너지원인 것이다. 그러 므로 셀룰로오스에서 포도당이 생기자마자 미생물들이 몰려들어 소모하 기 때문이다.

둘째로 반추위의 점막은 포도당을 잘 흡수할 수 없다. 따라서 포도당 이 소장으로 이동하지 않으면 반추동물은 포도당을 흡수할 수 없다. 그러 나 그전에 미생물에 의해 새치기당한다. 미생물들은 포도당을 얻어먹고 짧은사슬지방산 같은 것을 만든다.

짧은사슬지방산으로 몸을 유지할 수 있는가?

아세트산이란 식초의 주성분이다. 프로피온산이니 부티르산이니 하 는 것은 숙성한 치즈에서 맡을 수 있는 고약하면서도 달콤한 냄새의 주성 분이다. 이런 물질을 에너지원으로 해서 과연 700㎏이나 되는 소는 살아 갈 수 있을까.

현대의 젖소는 최대로 연간 12t이나 우유를 짤 수 있다. 아세트산 같은 것을 에너지원으로 해서 이런 방대한 양을 생산할 수 있을까? 답은 "네!" 다. 실은 풀이니 미생물이니 하는 귀찮은 것을 생략하고 짧은사슬지방산 의 혼합액만을 에너지원으로 해도 소나 양을 사육할 수는 있다. 이를테면 제1위에 뚫은 구멍에다 이 혼합액을 주입하면 된다. 그렇게 하면 살 수 있 을 뿐만 아니라 새끼도 낳고 우유까지 낸다. 물론 이와 같은 예는 실험용 사육이지만 어쨌든 짧은사슬지방산만을 에너지원으로 해도 훌륭하게 키 울 수 있다는 것은 분명하다.

반추위, 노벨상, 바이오테크놀로지

흥미 있는 것은 이러한 반추위 속의 미생물 산물을 분석하기 위해 개발된 기술이 현재의 생물공학, 즉 바이오테크놀로지의 기초를 이루고 있다.

현재는 어떤 짧은사슬지방산이 어느 정도 있는가를 측정하기 위해서 가스 액체 크로마토그래피니, 고속 액체 크로마토그래피니 하는 분석 방법을 사용한다. 이러한 것은 여러 가지 기체나 액체를 흡착재 분말이 들어 있는 유리관 속을 통과시켜 흡착성의 차이에 따라 각종 물질을 분리하는 방법이다.

이러한 방법의 기초가 된 칼럼 크로마토그래피라는 방법이 제2차 세계대전 직후에 영국 애버딘에 있는 영양학에 관한 연구를 하는 로엣 연구소의 엘스덴 박사에 의해 고안되었다. 짧은사슬지방산을 분석하기 위해서였다. 후에 이 연구는 노벨상을 수상했다.

기껏 소 밥통의 내용물 연구 정도라고 생각할지 모르나, 소 밥통의 연구는 레이더 개발이나 암호 해독 못지않은 제2차 세계대전의 운명을 건 영국의 국가적 연구 중 하나였다.

영국은 사방이 바다에 둘러싸인 섬나라이므로 독일 잠수함으로 통상이 파괴되면 해외로부터의 식량이 두절된다. 그런데 영국, 특히 스코틀랜드는 일조 시간이 짧고 기온도 낮다. 그러므로 곡물을 충분히 수확할 수 없다. 그러나 스코틀랜드의 고지에도 풀이나 히스(Heath)는 자라므로 초식동물은 사육할 수 있다. 따라서 초식동물, 특히 반추가축의 생산 효율을 높임으로써 식량 확보를 하고자 했다.

전시 연구였으므로 동물생리학, 영양학, 미생물학, 화학 등 여러 가지 영역의 우수한 연구자들이 동원되어 충분한 예산으로 연구를 했다. 지금으로 보면 여러 가지 영역의 연구자가 연대 연구를 한 것같이 여겨지기도 하나 그 덕분에 영국의 가축 생리학은 세계 제일이 되었다.

현재는 대처 전 수상의 대폭적인 인원 삭감으로 풍부한 경험의 연구자들이 퇴직하지 않을 수 없게 된 일도 있어, 이 영역에서 영국의 위세는 이전 같지는 않으나 그래도 여전히 실력은 대단하다.

또 한 가지 중요한 것은 식량 공급 같은 긴급한 연구인데도 영국에서는 미생물 대사나 분석 방법의 연구 같은 극히 기초적인 연구도 꾸준히 했다는 것이다.

이러한 접근 방법은 얼핏 보면 우회하는 것처럼 보이나 기초 연구에서부터 실제적인 사육법의 지도까지는 그렇게 많은 과정이 있는 것도 아니다. 더구나 기초 연구는 응용 연구보다 훨씬 연구비도 적게 드는 것이 보통이다. 또한 진정으로 참신한 기초 연구의 경우에는 짧은사슬지방산의 분석과 같이 연구 방법이나 연구 기기가 없는 경우도 많다. 따라서 이러한 연구 기술의 문제점을 우선 해결한다. 그런데 이렇게 개발한 방법이나 기기는 장기적으로 이용할 수 있는 것이 많다.

소 밥통의 내용물을 분석하기 위한 연구가 현재의 바이오테크놀로지에 불가결한 분석이나 제조 방법의 기초가 되리라고는 엘스덴 박사도 미처 생각하지 못했을 것이다.

발효 탱크의 부속 장치

그런데 '교반 장치'와 '보온 장치'만으로 발효 장치로서 충분한 것일까? 그 뜻은 반추위라는 것은 다른 전위 시스템이나 대장의 발효 시스템에 비해서도 제법 효과가 좋기 때문이다.

어떻게 알 수 있는가 하면 초식동물의 발효 탱크의 크기, 다시 말해서 미생물 소화를 하는 장소의 용적을 체중으로 비교하면 반추동물이건 아니건 대체로 비슷하다. 그렇지만 셀룰로오스의 소화율은 반추동물이 높다.

대장에 비하면 반추위는 교반 효과가 높으나 그것만이 원인이 아니다. 그 외에도 여러 가지 장치가 있다.

소의 군침은 무엇 때문?

그 첫 번째가 군침이다. '소의 군침'이란 말이 있을 정도로 반추동물은 함부로 군침을 낸다. 소는 하루에 100ℓ 정도, 양도 하루에 10ℓ 정도 낸다. 양과 사람들은 체중이 비슷한데 사람들은 하루에 1ℓ 정도밖에 군침을 내지 않는다. 그러므로 체중으로 비교하면 반추동물은 사람들의 10배 정도 군침을 내는 셈이다.

군침을 많이 흘리면 좋은 점이 있다. 우선 음식물을 먹기 쉽다. 풀, 특히 겨울이나 건기에 건초는 말라 있다. 그러므로 물기가 없으면 풀은 식도를 잘 통과하지 못한다.

다음은 미생물이 활발히 활동하기 위해서도 수분은 필요하다. 예를 들면 반추위의 미생물은 원심분리기로 처리해 여분의 물을 제거하면 미생물의 대사는 급격하게 낮아진다. 그 이유는 미생물의 먹이('기질'이라고 부르기도 한다)도 대사산물도 물에 용해되는 것이 많으므로 이러한 물질이 미생물 주위에서 이동하기 위해서도 물이 필요하다.

다음에 반추위 속에서 미생물의 대사에 의해 짧은사슬지방산이 생긴다. 이것은 나중에 설명하겠지만 반추위 벽에서 곧 흡수되지만 그렇다고 해도 위벽까지는 도달해야 한다. 그러기 위해서는 물속에서 확산되어야 한다. 그렇지 않으면 짧은사슬지방산은 위벽에 도달할 수 없다. 따라서 위 속에 많은 물이 있는 편이 좋다. 말하자면 군침으로 반추위 속의 짧은사슬지방산을 흔들어 놓는 것이다.

군침으로 위의 산성화를 방지

짧은사슬지방산에 관해서는 또 한 가지 문제가 있다. 그것은 짧은사슬지방산이라는 이름으로 알 수 있듯이 이것들은 '산'이다. 그러므로 짧은사슬지방산이 계속 생겨 축적되면 반추위 속은 산성이 된다.

그런데 반추위 속이 산성이 되어 pH가 5 이하가 되면 위험하다. 반추위가 움직이지 않게 되며 군침의 분비도 멈춘다. 그리고 보통 세균은 활성이 없어지고 죽어 버리기도 한다. 살아남는 것은 젖산을 만드는 세균이므로 젖산이 생긴다. 젖산의 흡수 속도는 짧은사슬지방산의 100분의 1 정도이므로 반추위 속에 계속 축적된다. 그 결과 더욱 산성화하는 악순환이 된다.

그렇지만 반추동물의 군침에는 중탄산(중조의 종류)이 다량 함유되어 있어 약알칼리성이다. 그러므로 짧은사슬지방산에 의한 산성화를 중화시킨다. 또한 중탄산을 함유하는 수용액은 pH가 변하기 어려우므로 이것 역시 반추위의 산성화를 막는 데도 도움이 된다.

그런데 소는 하루에 100 ℓ 나 되는 군침을 내지만 100 ℓ 의 물은 먹지 않는다. 어째서 그런가 하면 군침으로 나온 물의 대부분을 제1위에서 흡수, 회수해 혈액순환으로 타액선에 보내 다시 이용하기 때문이다.

에너지로 사용되는 것은

미생물은 여러 가지 물질을 만든다. 그중에서 이산화탄소와 메탄은 에너지원이 되지 않는다. 미생물체는 다시 분해되어 다른 미생물의 먹이가 되거나 하류인 소장으로 흘러가 그곳에서 분해되거나 흡수된다.

에너지 경제라는 측면에서 생각하면 발효 시에 발산되는 열이 있으나, 이것은 먹는 것의 5~7% 정도이므로 여기에서는 생각하지 않기로 하자.

이렇게 미생물이 생산하는 것을 하나하나 따져보니 반추동물이 이용할 수 있는 가장 중요한 에너지원은 역시 짧은사슬지방산이란 것을 알 수 있다.

짧은사슬지방산의 흡수

미생물이 생산한 짧은사슬지방산은 반추위의 대부분을 차지하는 제1위의 벽을 통해 몸으로 흡수된다. 이러한 사실은 현재 전문가들에게는 상식이지만 짧은사슬지방산이 반추위에서 흡수된다는 것을 알게 된 것은 1947년이다. 더욱이 세상에서 널리 받아들이기까지는 시간이 걸렸다.

반추동물 전위의 내장격인 점막은 세포가 여러 층으로 겹쳐 있는 '중층 편평상피(重層偏平上皮)'라는 구조로 되어 있기 때문이다. 무슨 말인지 알기 어렵지만 우리의 피부나 식도와 비슷한 구조이다.

처음에도 말했지만 생물체의 외계에 접하는 부분, 예를 들면 피부는 쉽게 물질이 통과할 수 없도록 되어 있다. 그러므로 이런 부분의 세포는 물질이 통과하려면 전기 회로에서 말하는 '저항'과 같이 작용한다.

사람의 경우에 영양소는 대부분이 소장에서 흡수된다. 소장의 점막세포도 함부로 물질을 통과시키지 않는다. 따라서 역시 '저항'이 작용한다. 그러나 소장의 점막세포는 한 층밖에 없다. 그런데 반추동물 전위의 점막에는 세포가 10층 이상이나 겹쳐 있다. 저항을 직렬로 10개 연결한 것 같다. 그러면서 가장 바깥 표면에는 피부의 표면처럼 각질층이 있다. 그러니 얼핏 보기에는 별로 흡수를 할 수 없을 것 같은 구조이다. 실제로 측정해 봐도 이 점막의 투과성은 소장 점막만큼은 좋지 않다.

흡수 면적을 늘린다

그런데 반추동물은 교묘한 방법으로 이것을 극복한다. 첫째는 흡수 면적을 늘리는 일이다. 투과성이 다소 낮아도 흡수 면적이 크면 충분히 보상된다.

그렇다면 어떻게 제1위의 표면적을 늘릴까. 첫째로 제1위가 크다는 것이다. 아쉽지만 용적이 늘어나도 흡수에 관계되는 장기의 내측 표면적은

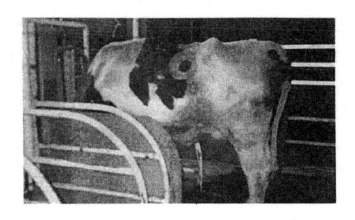

〈그림 1-9〉 소의 제1위 내면(표면에 융모가 돋아 있다)

용적의 3분의 2제곱에 비례하므로 용적만큼은 늘지 않는다. 그러나 그래도 장기가 커지면 흡수 면적도 커진다. 흡수 면적을 늘린다는 뜻에서 가장 효율적인 방법을 반추동물은 적용한다. 그것은 제1위의 표면이 요철(凸凹)로 되어 있는 것이다.

제1위를 해부해 안쪽을 보면, 소의 경우 폭 5㎜, 길이 1~1.5㎝, 두께가 1㎜ 정도의 나뭇잎 같은 모양인 '제1위 융모(第1胃絨毛)'라는 것이 잔뜩 돋아나 있다.

이 제1위 융모를 전부 잘라 그 표면적을 측정한 사람이 있다. 필의 친구인 기센에 사는 피터 랑거이다. 그의 측정에 의하면 제1위 융모가 돋아나 있음으로써 제1위의 흡수 표면적은 소나 양이면 약 7배로, 동아프리카에 서식하는 소형 반추동물인 야생의 딕딕이면 20배나 증가한다는 것이 알려졌다.

이 실험이야말로 랑거 박사다운 작업이다. 그는 독일어는 물론 영어와 프랑스어, 스페인어를 자유롭게 구사하고 라틴어나 이탈리아어도 읽을 수 있으며 쉬운 덴마크어 회화도 할 수 있다. 유럽의 교육은 때로는 이런 사람을 배출한다.

전공은 실은 고전적인 육안해부학이다. 육안해부학이라고 하나 이것은 고귀한 학문이며 어쨌든 역사가 오래이므로 여러 가지 어학을 할 수 없으면 옛날의 문헌을 읽지 못한다. 또한 특별한 기구가 필요 없다. 랑거 박사의 말에 따르면 "가위, 메스, 핀셋과 종이와 연필이 있으면 나는 연구할 수 있다"고 한다. 그러므로 최신형의 연구 기기로 허세를 부릴 필요도 없다. 그렇게 되면 누구나 할 수 있으므로 쉬운 것은 모두가 알고 있으니 어지간히 머리가 좋고 또한 창조성이 풍부하지 않으면 직업적인 연구자는 될 수 없다.

그러니 제1위 표면적의 연구도 논문을 읽으면 '과연 그렇군'하고 여기나 실제로 자기가 융모를 자르고 그 표면적을 전부 계산하겠는가. 이렇게 얼핏 봐서는 눈에 띄지도 않는 일을 애써 정면으로 부딪친 것이 30년에 한 명 나온 소화관 해부학자라고 불리는 랑거 박사다운 점이다.

피의 흐름도 중요하다

또 한 가지 중요한 것은 혈액의 흐름이다. 실은 제1위에는 장기의 무게로 봐도 보통보다 굵은 혈관이 뻗어 있다. 제1위 융모를 현미경으로 보면 융모의 중심부에 제대로 된 동맥이나 정맥이 뻗어 있다. 즉 피가 잘 흐른다. 이와 같은 형태학적 모습에서 제1위 융모가 바로 반추동물의 에너지 흡수를 하는 구조일 것이라고 예상한 사람이 있었다. 필자의 두 번째 직장이었던 하노버 수의대학 생리학 교실의 전전 주임 교수인 트라우트만이다.

그는 1930년대에 활약한 가축 생리학자인데 현미경으로 여러 가지 구조를 연구하는 조직학에도 조예가 깊었다. 그 탓인지 필자가 있던 당시에는 하노버 수의대학의 생리학 교실에는 현미경 절편을 만드는 마이크로톰, 조직 절편을 염색하는 도구, 조직학에 필요한 기재는 모두 갖추어져 있었다. 어쨌든 그 당시의 상식에 영향을 받지 않고 자기 관찰을 믿고 제1위 융모가 흡수의 주역이라고 예측한 용기는 훌륭하다고 생각한다.

그 후 여러 가지 방법으로 제1위에서 대량의 짧은사슬지방산이 흡수된다는 사실이 밝혀졌으나 1970년대에 이르러 전자현미경을 쉽게 이용할 수 있게 되어 제1위 융모는 흡수하기에 알맞은 구조를 이룬다는 사실도 밝혀졌다.

짧은사슬지방산이 흡수될 때는 짧은사슬지방산뿐 아니라 나트륨도 함께 흡수된다. 그러나 나트륨 농도는 몸(혈액)속이 제1위의 속보다 높다. 여러 가지 물질이 체내외로 운반될 때는 농도가 높은 쪽에서 낮은 쪽으로 움직이는 것은 간단하지만 반대의 경우는 복잡하다. 절인 채소를 물속에 담그면 채소의 염분은 물속으로 이동하나 그 역의 경우는 염분은 이동하지 않는 것과 비슷하다.

그러나 현실적으로 동물체에서는 농도의 고저가 역으로 움직인다. 어

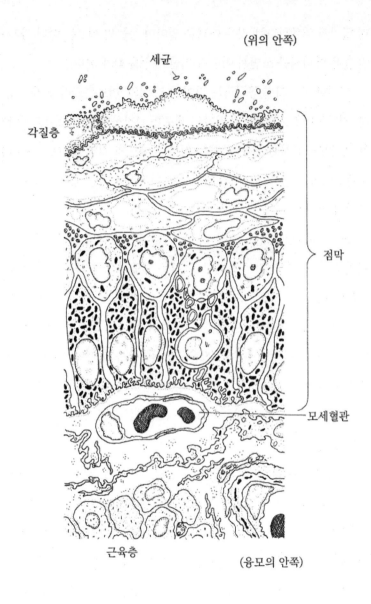

(위의 안쪽)

세균

각질층

점막

모세혈관

근육층

(융모의 안쪽)

〈그림 1-10〉 제1위에 있는 융모의 단면

떤 일이건 역행한다는 것은 어려운 일이며 동물의 세포는 여러 가지 구조와 많은 에너지를 쓰면서 이런 무리한 수송을 하게 한다.

이러한 에너지를 공급하는 것이 세포 내의 '미토콘드리아'라는 장치이다. 전자현미경으로 제1위 점막의 세포를 관찰하면 이 미토콘드리아가 가득 차 있다. 유사한 구조를 갖는 피부나 식도의 점막세포에는 이러한 미토콘드리아가 없다. 제1위의 점막에는 에너지를 대량 공급하는 구조가 갖추어져 있다.

또 하나는 혈관이다. 소장의 점막이든 피부든 점막 가까이에는 모세혈관인 적혈구 1개가 겨우 통과할 수 있을 정도의 극히 가는 혈관밖에 없다. 그러나 제1위 융모의 점막 바로 뒤쪽에는 '소정맥'이라고 하는 모세혈관의 10배 정도 지름의 굵은 혈관이 형성되어 있다. 굵으면 그만큼 혈액 흐름도 많다. 그러므로 흡수한 짧은사슬지방산을 점막의 뒤쪽으로부터 신속하게 다른 곳으로 이동할 수 있다. 따라서 제1위의 내용물의 짧은사슬지방산 농도와 점막의 뒤쪽 사이의 농도 차를 크게 할 수 있으므로 흡수하기 쉽다.

흥미로운 것은 이 정도 굵기의 혈관이라면 보통의 광학 현미경으로도 충분히 발견할 수 있을 것이다. 그러나 별로 혈관에 주목한 사람은 별로 없었다.

이러한 원인은 해부학이나 조직학을 연구하는 사람의 습성과 크게 관계된다. 이런 영역에서는 죽은 동물에서 시료를 채취해 여러 가지 처리를 한 후 관찰하는 것이 통례이다. 동물, 특히 가축의 경우에는 그러한 처리

과정에서 혈액을 뽑는다. 그런데 모세혈관이나 소정맥 같은 것은 속에 적혈구가 들어 있지 않으면 찾기 어렵다. 그러니 보통 방법으로는 제1위의 가는 혈관 분포에 관심이 가기 어렵다.

필자가 대학, 대학원에 소속해 있던 가축 형태학 교실이란 곳은 형태학 연구실로서는 예외적으로 살아 있는 동물을 사육했다. 생물학이니 산 동물을 사육하는 것은 당연할 것 같지만 그렇지도 않다.

필자도 대학원에 가서 양의 제1위의 융모를 살아 있는 동물에서 채취하는 기술을 개발해 이 기술로써 채취한 융모를 현미경이나 전자현미경으로 관찰할 때 점막 뒤쪽의 혈관 밀도를 보고 처음으로 놀라기도 했다. 이런 예에서 알 수 있는 것처럼 연구를 할 때는 자신이 관찰하는 시료의 출처를 염두에 두는 것이 중요하다.

짧은사슬지방산의 행방

제1위에서 흡수된 아세트산이나 프로피온산 등은 어디에서 어떻게 되는 것일까?

사람의 경우는 소장에서 흡수된 당분이나 단백질(아미노산)은 혈액에 의해 간장으로 운반되고 일부는 간장에 비축되거나 다른 물질로 변환한다. 나머지는 다시 혈액을 통해 심장으로 운반되고 곧 전신을 순환하게 된다.

흡수된 짧은사슬지방산 중에서 부티르산은 제1위의 점막세포에 흡수된다. 그러므로 제1위에서 나온 혈액을 분석해도 부티르산은 거의 함유되어 있지 않다. 앞서, 제1위의 점막세포는 에너지를 공급하는 기능이 발달해 있다고 말했는데 이러한 기능을 위해 필요한 연료가 되는 것이 부티르산이다.

가장 많이 만들어지는 아세트산은 혈액을 통해 간장으로 이동되나 대부분이 간장을 바로 통과해 전신으로 확산되어 여러 가지 조직에서 에너지원으로 사용된다.

프로피온산은 어떻게 되는가 하면 거의 대부분이 간장에서 포도당으로 변환된다. 이것은 어쩐지 낭비처럼 여겨진다. 포도당을 미생물이 분해해 프로피온산을 만들었는데 또다시 포도당을 만들 필요가 있을까?

반추동물은 저혈당

사람의 경우를 생각해 보자. 우리는 혈액 속의 포도당 이외에도 지질이나 아미노산을 에너지원으로 이용한다. 그러나 중요한 에너지원은 역시 포도당이다. 이유인즉, 인슐린이나 글루카곤 또는 부신피질 호르몬 같은 호르몬에 의해 근육이나 간장에 비축된 글리코겐(포도당이 연결된 것)을 포도당의 형태로 변환해 사용하거나 반대로 혈액 속의 포도당을 글리코겐으로 비축할 수도 있기 때문이다.

경제로 비유한다면 쉽게 입출금할 수 있는 구속성이 낮은 보통 예금 같은 것이다. 이것에 비하면 지방은 중량당 칼로리 함량이 높으므로 에너지를 비축하는 수단으로서는 우수하나 에너지가 필요할 때 당같이 신속하게 동원할 수가 없다. 우리의 경우에는 포도당이 '에너지의 통화' 같은 역할을 한다. 그러므로 사람의 혈액 속에는 통상 100㎖당 80~100㎎의 포도당이 함유되어 있다. 식후에는 120~130㎎까지 상승하고 공복 시에는 저하한다.

그러나 반추동물의 경우에는 혈액 100㎖당 40~60㎎밖에 포도당이 함유되어 있지 않다. 사료 속에 당분이 포함되어 있더라도 모두 미생물이 소모하므로 반추동물의 소장에는 포도당 따위는 유입될 경황조차 없다. 소장이 아무리 흡수하려고 해도 존재하지 않는 것은 흡수할 수 없다. 흡수하지 못하니 혈액 속의 농도는 높아지지 않는다. 만일 사람들의 혈당값(혈액 중의 포도당 농도)이 반추동물 정도로 저하되면 실신한다. 뇌의 신경세포가 정상적으로 작용할 수 없기 때문이다.

뇌의 신경세포는 방자하게도 포도당만 에너지원으로 한다. 아미노산 따위는 거들떠보지도 않는다. 그런 연유로 사람의 경우에는 혈당값이 그다지 저하되지 않도록 하는 조절장치가 있다.

실은 반추동물의 신경세포도 방자하기는 마찬가지다. 사람의 경우보다는 저혈당에 대해 강한 것 같으나 반추동물의 신경세포도 에너지원은 포도당인 것이다. 그러나 반추동물의 경우는 소화관으로는 당분이 유입되지 않는다. 반추동물은 간장이나 일부는 신장에서 프로피온산을 재료로 해서 포도당을 새롭게 만들게 된다. 이렇게 만든 포도당 덕분에 혈당은 영이 아니고 사람의 절반 정도의 농도를 유지할 수 있다.

반추는 무엇 때문에?

반추동물은 반추한다. 즉 되새김질을 한다. 그것은 무슨 뜻인가 하면 먹은 풀 등의 입자가 작아진다는 뜻이다.

입자가 작아지면 그만큼 음식물의 표면이 커진다. 따라서 미생물이 모여드는 면적이 커지므로 미생물들이 소화하기 쉬워진다. 그 이유는 셀룰로오스를 분해하기 위해서는 우선 미생물이 셀룰로오스에 흡착할 필요가 있기 때문이다. 약 10년 전까지는 이렇게 생각했다.

그러나 반추위에서 소화 도중에 있는 음식물을 채취해 주사 전자현미경으로 관찰한 결과에 의하면 문제는 그렇게 단순하지 않다는 것이 알려졌다. 세균이나 진균이 먹은 음식물의 어디에나 흡착하는 것은 아니다.

실제로는 동물이 물어 끊은 음식물의 단면에 미생물이 흡착해 소화한다. 그러니 반추해 어떤 음식물 입자를 한번 물어 끊으면 절단면의 수는 배가 되므로 미생물은 배의 속도로 그 입자를 소화할 수 있다. 이런 전술을 취한다 해도 반추위가 크다는 것과 군침이 많이 난다는 것은 효과적이다.

'발효 탱크'가 크고 군침이 대량으로 유입되므로 반추위의 내용물은 수분이 많고, 위쪽은 마치 강물의 흐름이 멈춘 곳에 갈대풀이 뜨는 것같이 소화되지 않은 큰 음식물 입자는 떠있게 된다. 이 떠 있는 입자가 우선적으로 소화된다.

이런 성질은 식물의 입장에서 봐도 납득할 수 있다. 잎이나 줄기 표면이 쉽게 미생물에 의해 소화된다면 식물은 미생물에 계속적으로 침식되어 살아갈 수 없게 된다. 그러므로 식물의 표면이나 표면에 가까운 부분에는 미생물에 침식되지 않도록 된 구조가 발달해 있다.

예를 들면 벼의 경우에는 유리와 비슷한 물질이 식물체의 표면에 들어 있으므로 튼튼하게 되어 있다. 또한 식물체 표면 가까이에는 '리그닌'이라는 물질을 축적하는 식물도 많다. 리그닌과 셀룰로오스가 결합한 '리그노셀룰로오스'라는 것은 분해되지 않을 정도의 튼튼한 물질이다.

흑염소의 노래

그런데 흰 염소와 흑염소의 노래가 있다. 편지를 읽지도 않고 먹어 치우는 노래이다. 반추동물을 연구하는 사람들에게 있어 그 노래란 공포의 노래인 것이다. 실험이 엉망으로 될 가능성이 있기 때문이다.

필자가 학생 시절을 보낸 도호쿠 대학의 농학부는 센다이 시청에서 걸어서 10분 정도 걸리는 시내 중심부에 캠퍼스가 있었다. 주위는 조용한 주택지이다. 이러한 곳에는 유치원이 있기 마련이다. 원래 유치원의 보모란 정답고 친절하기 마련이다.

유치원에서는 자주 산책을 한다. 운동하는 것도 중요하고 여러 가지 것을 보는 것도 아이들에게는 중요한 일이다. 많은 아이들이 동물들을 좋아하므로 보모들은 양이나 염소가 있는 농학부에 아이들을 데리고 가자고 생각하는 것도 당연한 일이다. 양이나 염소 같은 반추동물은 위쪽에는 앞니[절치(切齒)]가 없으므로 물려도 다치지 않는다. 게다가 도호쿠 대학 농학부는 매우 개방적인 데가 있어 누구나 자유롭게 캠퍼스를 드나들 수 있다. 그러니 유치원 아이들을 데려오기에는 안성맞춤인 곳이다.

필자도 소속해 있던 조정부 선배의 딸(당시 초등학교 1학년)을 자전거 연습을 시킬 겸 농학부로 데려와 양을 보여 주면서 놀아 준 일이 있다. 어른이 된 지금도 기억할 정도이니 역시 인상은 좋았던 것이다. 그런데 농학부에 와서 풀밭의 양이나 염소들과 한바탕 놀고 난 아이들은 여느 때와 같이 염소 노래를 부르게 된다.

호기심이 많아야 발전한다. 아이들은 정말로 염소가(양이라도 상관없다. 필자의 동급생 중에는 대학 3학년 때 염소를 보고 "아, 이것은 수놈 양이군"이라고 한 사람도 있었다) 종이를 먹는지 아닌지를 확인해 본다. 그 동물이 실험 중인 동물인지 아닌지는 전혀 상관도 하지 않고—.

편지의 소화율

종이를 먹어 치운 실험동물 주인의 고민은 그렇다 치고 종이도 셀룰로오스이므로 반추동물은 소화한다. 그러나 종이 종류에 따라서는 리그닌을 다량 함유하는 것이 있는데 그러한 종이는 소화가 좋지 않다. 예를 들면 양질의 편지 용지는 리그닌 함량이 4% 정도인데 이것을 소에게 먹이면 유기물의 96% 정도가 소화된다. 그러나 신문지에는 리그닌이 25% 정도 함유되어 있는데 소에게 신문지를 먹이면 소화되는 것은 33% 정도이다. 리그닌 함량에 따라 이 정도로 소화율이 다르다. 잉크 부분을 무시한다 해도 반추동물에 있어서 편지는 제법 좋은 음식물이 된다.

03
풀만 먹고 고기를 만들 수 있는 까닭 ——— ✳

단백질은 어떻게 하는가

이처럼 반추동물은 셀룰로오스를 에너지원으로 잘 이용한다. 그러나 반추동물이 아니라도, 이를테면 말이나 돼지나 사람이라도 대장 속에서 미생물이 셀룰로오스를 분해해 그 결과로 생기는 짧은사슬지방산을 에너지원으로 이용할 수 있다. 즉, 그런 기능은 갖고 있다. 그런데 단백질 문제는 쉽게 해결되지 않는다. 풀에는 원래 단백질 함량이 적다. 겨울의 풀이나 건기의 마른 풀에는 단백질 함유량이 몹시 적다. 말처럼 대장 내에서 미생물이 활동하는 유형의 초식동물이라면 이 정도로 심하게 단백질이 부족한 풀로는 살아갈 수 없다.

그러나 스코틀랜드의 아카시아 같은 것은 겨울 동안이라도 히스 정도밖에 자라지 않는 메마른 땅에서 자란다. 반추동물은 특수 전술을 쓴다. 즉, 반추위 속에서 사는 미생물체를 단백질원으로 이용하는 방법이다.

왜 단백질이 필요한가?

사람들은 병원에서 안정을 취하는 동안에도 어른이라면 1,500cal 정도의 에너지가 필요하다. 움직이지 않아도 세포는 여러 가지 기능을 수행하기 때문이다.

우리의 몸은 성분상으로는 물이 가장 많으나 그 이외에 단백질이 고형물의 70~80%를 차지한다. 어른의 경우는 더 이상 성장하지 않으므로 몸의 단백질량은 거의 변하지 않는다. 그런데도 우리는 단백질을 먹지 않으면 살아갈 수 없다. 신체의 단백질이 매일 교체되기 때문이다. 예를 들면 혈액의 단백질은 10일 정도면 모두 바뀐다.

그러나 자연계에는 단백질이 아무 데나 흔하게 있는 것은 아니다. 단백질은 탄소와 수소와 산소와 질소가 주성분이다. 이것들은 모두 공기 속에 있는데 유감스럽게도 우리 동물은 공기에서 단백질을 합성하지 못한다. 그러니 단백질이나 그 부품인 아미노산을 섭취하지 않으면 신체의 단백질은 계속 파괴되므로 단백질이 부족해져서 죽게 된다.

그런데 반추위 속에 있는 세균 중에는 무기물인 암모니아를 원료로 해서 자신의 몸을 합성할 수 있는 것이 있다. 이런 일은 포유동물로서는 할 수 없는 일이다. 세균의 몸도 고형물의 주성분은 단백질이다. 그러니 이러한 세균이 소장으로 유출되면 단백질 분해 효소가 작용해 소화되므로 아미노산이라든가 아미노산이 여러 개로 이어진 '디펩티드'라든가 '트리펩티드' 등이 되어 흡수된다. 반추동물이건 사람이건 아미노산이나 펩티드라는 부품이 있으면 그것으로 단백질을 합성할 수 있다. 장한 일이 아닐 수 없다.

그렇지만 그렇게 쉬운 일은 아니다. 어디에선가 암모니아가 공급되지 않으면 세균의 몸체는 이루어지지 않는다. 이때 필요한 암모니아의 중요한 재료가 요소이다. 그 요소는 어디에서 오는가 하면 앞서 말한 군침이다. 그렇다면 무엇에 의해 군침으로 요소가 운반되는가 하면 혈액을 통해 이동하게 된다.

신체의 단백질이 교체될 때는 단백질을 분해해 바로 요소라는 물질을 만들어 신장에서 오줌 속에다 버린다. 다시 말하면 오줌이란 것은 혈액 속의 요소를 물로 씻어 낸 것이라고도 볼 수 있다.

그렇다면 요소란 것은 작은 분자이므로 혈관의 벽을 통과하기 쉽다. 그러니 신장에서나 타액선에서나 할 것 없이 농도가 높은 쪽에서 낮은 쪽으로 이동한다. 이러한 기능에 의해 이동하므로 타액 속의 요소 농도도 별로 높지 않다. 겨우 혈액 중의 요소 농도 정도이다. 그렇지만 군침을 대량으로 내므로 당연히 대량의 요소가 반추위 속으로 유입한다. 또 한 가지 묵과할 수 없는 것은 반추위의 벽이다. 반추위 벽은 융모로 인해 표면적은 크고 혈액순환도 충분하다. 그러니 반추위의 벽에서도 요소가 분비된다.

타이완계 캐나다 사람인 첸 박사의 연구에 의하면 반추위의 점막 표면에는 요소를 분해해 암모니아로 변환하는 고도의 능력이 있는 특수한 세균이 있다고 한다. 이러한 세균은 반추위의 벽에서 분비되는 요소를 분해해 여러 종류의 세균에 대해 암모니아를 공급한다.

이 연구는 일본, 영국, 캐나다의 공동 연구였다. 필자가 석사 과정의 대학원생이었을 당시, 다마테 선생님과 필자는 양의 제1위 융모를 전자현미경으로 관찰했다. 관찰도 싫증이 나서 멍청하게 전자현미경을 보고 있자니 점막 표면에 소형의 세균이 붙어있는 것이 보였다. 잘 보니, 점막 표층에 있는 각질층의 세포 내까지 세균이 들어 있었다.

이 이야기를 학회 때, 로옛 연구소의 실험 병리부장이었던 버너드 펠 박사에게 했다. 그 후에 첸 박사가 캐나다에서 로옛에 왔을 때, 펠 박사로부터 이 이야기를 듣고 본격적으로 연구를 시작했다. 다른 연구 영역에서는 주제나 자료의 쟁탈을 한다는 험악한 말을 듣게 되지만 반추동물의 연구자들은 다른 연구자에게도 자신의 아이디어를 거침없이 말하는 사람이 많다.

이러한 기능을 다른 측면에서 보면 신체의 단백질이 요소가 되어 타액이나 위벽에서 반추위에 유입되고 미생물체의 단백질이 된 다음 소장에서 흡수되어 동물체의 단백질 재료가 되고 신체 단백질이 분해되어 요소가 되는 식으로 순환한다. 반추동물은 좀처럼 쉽게 단백질을 버리지 않는다.

이와 같은 기능을 알게 되면 소를 사육할 때 거의 단백질을 함유하고 있지 않은 질 나쁜 사료에 요소를 섞여 먹여도 되지 않을까 생각하는 사람이 있었다. 생물학의 경우에는 완전히 부정되지 않는 가설은 모두 가능성이 있다고 여겨 두는 것이 좋다. 이 경우에도 그렇다. 요소를 먹여도 소는 사육할 수 있다.

젖소의 경우도 필요한 단백질의 15% 정도까지는 요소로 대체해도 무방하다. 계란이나 우유 값과 밀가루의 값을 건초 중량당으로 비교하면 알 수 있듯이 단백질은 값이 비싸다. 그러니 단백질 대신에 요소도 좋다면 이것은 비료로 쓸 정도로 싸니 수지가 맞게 된다.

이러한 방법으로 동물이 단백질을 섭취하려면 미생물의 서식처가 소장보다 앞에 있어야 한다. 그러니 말처럼 대장 속에 미생물이 사는 동물에 대해서는 이 방법을 적용할 수 없다. 또한 미생물의 서식처가 넓지 않으면 미생물이 많이 생길 수 없는 것도 당연하다. 이런 뜻에서도 반추위는 편리하다.

동물에 따라서는 분(糞)을 먹음으로써 대장에서 생긴 미생물체를 이용하는 '재주'를 갖는 것도 있는데 이것에 대해서는 다른 필자의 책 『이제야 알게 된 대장·내막 이야기』를 읽어 주기 바란다.

동물에 따라서는 전위가 셀룰로오스를 분해하는 것보다는 미생물체

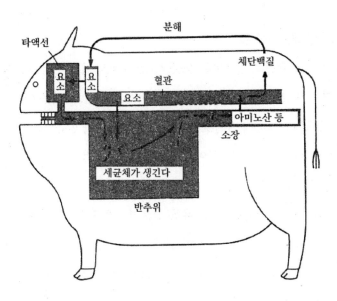

〈그림 1-11〉 요소를 여러 번 순화시키는 기능

단백질을 경유한 요소 이용에 유용한 것도 있다. 유명한 것은 시리안햄스터로 이 동물의 전위를 절제해도 셀룰로오스의 소화율은 큰 변화가 없으나 요소에서 단백질을 생성하는 능력은 급격하게 저하한다.

요소를 사용하는 뜻

앞에서도 말했지만 신장 기능의 하나는 혈액 중의 요소를 제거하는 것이다. 그러나 반추동물의 경우에는 신장뿐 아니라 타액선에서도, 반추위의 벽에서도 요소는 제거된다. 그러므로 신장의 부담이 적어지고 요소를 씻어 내는 데 필요한 물의 양도 적어진다. 반추동물은 이러한 기능이 있으므로 나중에 설명하는 것같이 건조 지대에도 진출할 수 있다.

독을 없애는 반추위

여러 가지 동물의 전위에는 셀룰로오스 분해나 요소 이용 이외에도 중요한 기능이 있을 것이라는 사실이 최근에 밝혀졌다. 그것은 해독 작용이다. 식물에는 페놀류나 알칼로이드 같은 유독 성분을 함유하는 것이 많다. 그래야만 곤충이나 초식동물이 먹어 치우는 것을 막을 수 있으므로 식물로서는 안성맞춤이다.

그런데 이와 같은 동물에는 유독 성분이라 할지라도 미생물에 따라서는 아무런 영향도 받지 않는 것이 있다. 오히려 전위 속의 미생물 중에는 이러한 유독 성분을 분해할 수 있는 것도 있다. 여하튼 전위란 것은 소화관의 앞쪽에 있으므로 유독 물질을 여기서 분해해 버리면 소장 같은 예민

한 부분에는 영향을 주지 않는다.

이러한 작용으로 유명한 것이 '코알라'이다. 코알라가 먹는 유칼립투스에는 유독 성분을 함유하는 종류가 있다. 코알라의 전위 속 미생물이 유독 성분을 분해하니 코알라는 유칼립투스를 먹고 살 수 있다.

네덜란드의 키가 2m 가까이나 되는 미생물학자 루돌프 프린스는 여러 가지 포유동물이 진화 과정에서 전위가 발달한 것은 셀룰로오스 분해나 요소 이용이라기보다 이 해독 작용에 의한 것으로 여긴다.

당연히 진화와 같이 규모가 큰 문제를 생각할 때는 많은 사람과 토의하는 것이 중요하다. 프린스의 경우도 앞에서 말한 이안 흄이나 피터 랑거 같은 친구들과 토론하고 나서 이러한 발상을 하게 된 것이다. 학회란 것은 이런 이야기를 하기에 적합하며 1989년에 프린스, 흄, 랑거와 필자는 센다이의 국수집에서 이러한 이야기를 했다.

반추동물 위의 발달

반추동물의 위도 태어날 때부터 큰 것은 아니다. 태어난 직후의 반추동물의 위는 체중비로서 4실을 합쳐도 사람의 위와 다름없는 크기이다. 언제 커지는가 하면 이유(離乳)할 때이다.

반추동물이 성장할 때 소화 능력을 결정짓는 것은 이유기의 전위 발달이다. 이 시기에 전위가 충분하게 커지지 않으면 '발효 탱크'가 작으므로 풀을 잘 처리할 수 없게 된다.

지금부터 30년 전 즈음에는 송아지는 한 살 정도까지는 어미 소의 젖을 먹었다. 이것이 문제였다. 소의 젖은 상품이다. 그러니 하루라도 빨리 이유해야 송아지가 먹는 양도 출하할 수 있다.

또 한 가지 중요한 것은 송아지가 어미젖을 먹으면, 사람도 그렇지만 그 기간에 어미 소는 배란하기 어렵다. 결국 포유 기간은 임신하기 어렵다. 필자도 대학 3년이 될 때까지 알지 못했으나 젖소는 새끼를 낳지 않으면 젖이 나오지 않는다. 그러니 임신하지 않으면 난처하다. 그런 까닭에 될 수 있는 한 빨리 이유시키기 위한 기술 개발이 이루어졌다.

필자의 은사인 다마테 선생님은 놀랍게도 생후 1개월 만에 양을 이유시켰다. 선생님은 원래 나방류 Chironomus 속의 타액 염색체 연구 등을 했으므로 반추동물은 농학부에 온 다음부터 연구했을 것이다. 따라서 이런 종류의 동물 사육업 같은 것은 그다지 알지 못했을 것이다. 아마 그 때문에 도리어 이런 대담한 실험을 한 것으로 필자는 짐작한다.

엉터리 실험 계획을 필자가 갖고 가도 언제나 피식 웃고는 "어디 자료를 좀 볼까" 하고 조용히 물었기 때문이다. 그뿐 아니라 "여자친구하고 여행을 갈 텐데 돈 좀 꿔주세요" 해도 "돌려줘야 하네" 하고는 돈을 꿔 주셨다. 지금은 동료인, 언제나 필자의 분별없는 생활 태도를 걱정해 주는 아드님인 다마테 히데요시 군의 말에 의하면 "그 때문에 집안 식구들은 봉이 되었다"는 것이다. 하여튼 필자는 다마테 선생님같이 관대할 수는 없다.

이유에는 타이밍이 필요

그런데 다마테 선생님의 연구에 의하면 이유 시기는 빨라도 늦어도 전위는 잘 발달하지 않는다. 빠르면 위가 반응하지 않을 뿐만 아니라 죽는다. 너무 늦으면 전위는 작은 상태 그대로이다. 이런 동물의 성장 속도는 매우 느리다. 이 정도까지는 아는데 이유에 적합한 시기를 결정하는 메커니즘은 아직 모른다.

이유란 무엇인가?

다음에 다마테 선생님이 연구한 것은 이유한다는 것이 어떠한 메커니즘에 의해 전위, 특히 제1위의 성장을 자극하는가 하는 것이었다. 이 문제는 여러 가지 이유 방법을 비교하는 것이 아니고 '메커니즘'에만 치중하는 것이 결정적으로 중요했다.

여러 가지 이유 방법을 시도해도 기존의 방법밖에 평가할 수 없다. 그러나 메커니즘을 알게 되면 획기적인 새로운 이유 기술을 개발할 수 있다. 메커니즘의 연구란 유연한 발상과 노력은 필요하지만 생각했던 것보다 시간이 걸리는 것은 아니다. 따라서 별로 많은 비용도 필요 없다. 필자가 취직한 다음의 일인데 다마테 선생님과 이야기하다가 "최소의 노력으로 최대의 성과를 올리는 것이 좋지요"라는 결론이 나왔다. 필자는 민간 기업에 있었던 탓인지 연구를 할 때도 언제나 장기적인 비용 대 성과라는 것이 마음에 걸린다.

그런데 이런 부분이 다마테 선생님다운 점인데 우선 이유란 무엇인가하는 데 대해 시간을 들여 차분하게 생각했던 것이다. 첫째는 음식물이 액체에서 고체로 변한다는 것이다. 이를테면 고체의 경우는 마찰이 있고 액체보다 이동하기 어렵다.

실은 젖을 먹는 시기의 반추동물은 기묘한 성질이 있다. 반추동물은 식도가 반추위로 연결되는 부분은 반추위 출구의 바로 곁에 있다. 이 입구와 출구 사이에는 입술을 세로로 한 것 같은 구조가 있는데 젖을 먹는 시기의 반추동물이면 액체가 식도에서 유입되면 입술 같은 구조가 폐쇄되어 반추위로 유입하지 않고 바로 제3위에서 제4위로 유입한다. 바이패스하는 셈이다. 그런데 고형물이 들어오면 입술 구조는 폐쇄되지 않고 고형물은 반추위 속으로 들어간다.

이 시기의 동물도 반추위 속에는 미생물이 있다. 물론 어미 짐승에 비하면 수나 종류도 훨씬 적으나 존재하는 것만은 사실이다. 따라서 젖을 먹어도 젖은 반추위로 들어가지 않으므로 반추위 속의 발효가 활발해지지 않는다. 그러나 고형물의 경우에는 반추위 내로 들어가니 반추위 속의 미생물의 먹이가 된다. 따라서 고형물을 먹으면 반추위 속에서 발효 산물의 짧은사슬지방산 등이 생긴다.

고형물의 작용을 구분해 생각한다

다음에 다마테 선생님은 고형물의 이러한 다면적인 작용을 따로따로 연구했다. 방법은 좀 쑥스러울 정도로 단순하다. 우선 송아지를 우유만으로 사육한다. 그리고 고형물 부피나 마찰 같은 물리적 작용만 비슷하게 한 것으로 처음에 대팻밥을 그 후의 실험에는 그 당시(1960년 전후) 보급하기 시작한 부엌용 합성수지제 스펀지를 반추위 속에 넣었다. 다른 소에게는 발효가 활발해진 것과 같은 상황을 만들기 위해 아세트산이나 프로피온산, 부티르산 등을 반추위 속에 매일 유입했다.

그리고 나서 반추위를 조사했더니 대팻밥이나 스펀지를 넣은 소는 전위의 근육층이 발달했으나 점막은 편편하고 융모도 발달하지 않았다. 한편, 짧은사슬지방산을 유입한 소는 근육층은 발달하지 않았으나 점막은 어미소같이 되어 융모도 생겼다. 즉, 근육층과 점막은 각각 다른 기구에 의해 발육이 제어되고 있었다.

이것과 꼭 같은 현상이 대장에서도 생긴다는 것이 최근에 알려졌다. 즉, 내용물의 부피라든가 마찰은 대장 근육을 발달시키고 짧은사슬지방산은 점막세포의 증식을 자극한다는 사실을 알게 되었다.

이것은 음식물 섬유의 작용 메커니즘이 분명해졌다는 한 예이지만 이러한 대장의 연구를 하면서 필자는 부처님의 손바닥 위에서 날뛴 손오공 같은 기분이었다. 다마테 선생님이 1950년대에 반추위에서 해명한 사실이 대장에서도 작용하는지를 검증했을 뿐이기 때문이다.

역설적으로 말하면 다마테 선생님의 이유 메커니즘의 연구가 얼마나 선구적이었는가 하는 것이다. 실은 기센의 피터 랑거가 감동한 것은 이 연구 때문이다.

소는 곡물도 먹는다

일본같이 토지나 인건비가 비싼 나라에서는 될 수 있는 한 빨리 가축이 자라주는 것이 좋다. 그런데 반추동물은 반추위가 가득 차면 식욕이 떨어지게 마련이다. 그러므로 체적당 에너지 함량이 높은 사료를 먹이지 않으면 빨리 자라지 않는다.

그런 사정도 고려해 현재는 소에도 곡물을 준다. 특히 육우에게는 많이 준다. 실은 소나 양이 가축으로서 성공한 이유 중 하나는 곡물 등을 먹을 수 있게끔 적응할 수 있는 고도의 적응 능력에 있다.

팔라켈라토시스

그런데 1960년대 후반에서 1970년에 걸쳐, 이런 방법으로 사육한 소에 장애가 생겼다. 체중이 500㎏ 정도에 이르면 다음부터는 아무리 먹어도 체중이 늘지 않는다. 이때쯤 되면 매일 산더미 같이 사료를 먹으니 농가의 손실은 크다.

이러한 소를 조사해 보면 제1위의 융모는 여러 개씩 붙어 있다. 심할 경우에는 융모 전체가 붙어 있어 위벽이 굳어 있기도 한다. 이렇게 되면 원래는 7배 정도로 표면적이 확대되어야 할 것이 갑자기 작아진다. 그 결과 짧은사슬지방산을 잘 흡수할 수 없으므로 성장하지 않는다. 즉 '루멘 팔라켈라토시스'라는 질병에 걸리게 된다.

그와 같은 사실을 안다 해도 현실적으로 해결책은 없다. 그러므로 다마테 연구실에서는 농림성으로부터 연구비를 받아 조사를 시작했다. 바로 필자가 졸업 논문을 쓰기 위해 연구실에 입문했을 때이다.

센다이 시의 양육장에서의 시료 채취, 농가의 현지 조사, 두꺼운 펀치카드와 당시에 나오기 시작한 자기 카드를 사용한 타자기 정도 크기의 프로그램 계산기를 사용한 자료 처리 등 제법 재미있었다. 필자는 그저 시키는 대로 하고 점심을 얻어먹을 수 있는 마음 편한 처지였다.

이런 조사 결과, 겨우 곡물 그것도 잘게 빻은 곡물을 먹이면 장애가 생기기 쉬우며, 장애의 첫 단계는 제1위 점막세포의 증식 속도가 지나치게 빨라지기 때문이라는 것 등을 알게 되었다.

그 당시 필자는 별로 이렇다 할 수도 없는 석사 과정의 졸업 연구를 할 때였다. 양에 사료를 급식하는 횟수를 바꾸면 제1위 점막세포의 증식 활성이 변한다는 주제였다.

필자는 짧은사슬지방산의 생산 속도가 지나치게 빠르면 제1위 점막세포의 증식이 빨라지는 것이 아닐까 하는 생각을 했다. 그러므로 그 내용에 관해 박사 논문의 주제로 삼자고 여겼다.

실은 박사 과정 첫해에 다마테 선생님은 "적당히 쉬게"라고 하시고는 스코틀랜드의 로엣 연구소로 반년 동안 가게 되었다. 필자는 은사의 말씀은 거역할 수 없으므로 조정부 합숙 연습에 참가하는 등 정말로 반년을 놀고 지냈다. 그 사이에 논문 주제에 대해서 생각은 했으므로 전혀 보람이 없었던 것은 아니지만 주위에서는 동기들이 실험을 시작했다.

학부의 졸업 논문은 햄스터의 위에 관한 것이었으나 대학원에서 반추위의 연구를 하는 데 있어서는 결의가 필요했다. 지도교수의 전문 영역과 같은 내용이었기 때문이다. 사제 간이 때로는 최대의 경쟁자가 될 수 있다. 다마테 선생님은 이미 연구 결과가 교과서에 실릴 정도이니 지식과 경험으로는 당할 수 없다. 승부가 되는 것은 오직 유연성과 체력뿐이었다.

그래도 망설였는데 그 당시 사귀던 여자친구가 "도전적인 사람 쪽을 나는 좋아해"라는 말을 하기에 그대로 반추위를 연구하기로 마음먹었다. 어지간히도 무책임했다.

그 당시 다마테 선생님은 짧은사슬지방산보다는 곡물을 원료로 한 빠른 발효로 제1위 속이 산성화하는 데 문제가 있지 않는가 생각했다. 필자와는 다른 가설이다. 당연히 심한 논쟁을 되풀이했으나 결국은 "Make the data speak!"로 끝났다. '실험으로 증명해 보이라'라는 뜻이다.

결과는 제1위 속에 급격하게 짧은사슬지방산을 유입하면 분명히 점막세포의 증식이 활발해졌다. 같은 양을 천천히 유입하면 그런 현상이 나타나지 않는다. 짧은사슬지방산의 생산이 너무 빠른 것이 문제라는 필자의 가설이 맞았던 것이다.

그래도 이 결과를 논문으로 발표한 후에도 얼마간은 믿어주는 사람이 없었다. 짧은사슬지방산을 배양세포에 급여하면 세포의 증식은 억제되기 때문이다. 그중에는 "짧은사슬지방산이란 독이야"라고 하는 사람조차 있었다. 평소의 생활 태도나 행동이 경솔했던 것이 영향을 미쳤는지도 모른다. 그러나 이것도 헝가리의 가르피 박사와 네오그라디 박사가 확인 실험으로 증명해 주었으므로 필자는 안심했다.

그러나 필자의 가설이 맞았다고 해서 다마테 선생님의 가설을 부정하는 근거는 되지 못한다. 제1위 속을 산성으로 하면 점막의 세포 증식이 어떻게 되는가 하는 문제는 아무도 조사하지 않았기 때문이다.

핵심이었던 루멘 팔라켈라토시스도 지금은 수익에 영양을 미칠 정도의 심한 증례는 적어졌다. 이러한 연구 결과를 기초로 사육법을 개량한 결과이다. 구체적으로는 발효 속도를 늦추기 위해서 곡물을 알맹이째 짓이긴 상태로만 급여하도록 했다. 별것 아닌 쉬운 방법이다. 다음은 지푸라기처럼 물리적 자극을 줄 수 있는 것을 조금씩 먹여 군침이 나게 하거나 위의 운동이 활발해지도록 했다.

실은 필자는 반추위의 연구가 매우 마음에 든다. 어쨌든 커다란 장기이니 다루기가 쉽다. 양이나 소는 쥐나 개와 달리 물지도 않는다. 특히 마음에 드는 것은 여느 때와 마찬가지로 제1위에 뚫은 구멍을 통해 동물을 죽이지 않고서도 시료를 채취할 수 있다는 점이다. 또한 최근에는 유제품의 과잉으로 일본이나 구미(歐美) 각국도 반추동물의 연구에는 투자하지 않으므로 인기가 없다는 점도 개인적으로는 좋아한다. 필자는 게으름쟁이이므로 경쟁이 심한 분야가 싫기 때문이다.

그렇지만 인기 없는 영역에는 나름대로의 어려움도 있다. 대학원을 나왔을 때는 반추위의 연구로서는 전혀 취직할 수 없었으므로 부득이 대장 연구를 시작했다. 지금은 필자를 대장 연구자로 여기는 사람 쪽이 많은 것 같은데 필자로서는 대장은 마음에 들지 않는 영역이다. 그런 탓도 있어 그 후에도 은밀하게 여러 가지 반추위의 실험을 했다. 지금 있는 대학에서는 무엇을 연구해도 상관없는 처지이므로 반추위의 세계로 되돌아갔다. 어쩐지 옛 애인과 재회한 기분이다. 마음으로 원하면 뜻이 이루어지는 경우도 있기 마련이다.

초식의 파충류

이제까지 조사한 포유류에는 모두 소화관 내에 미생물이 있었다. 사실 파충류에도 식물을 먹는 동물이 있는데 그들도 소화관 내의 미생물의 도움으로 식물을 소화한다. 이를테면 이구아나라는 파충류가 있다. 이구아나도 소화관 내의 미생물의 도움으로 식물의 섬유 부분을 소화한다. 그러나 파충류의 경우는 포유류에서 볼 수 없는 문제가 있다.

반추동물에 관해서 말한 것과 같이 포유동물은 체온을 일정하게 유지하므로 포유동물 소화관 내의 미생물은 환경 온도가 일정한 데서 안정되어 있다. 그러나 파충류는 변온동물이므로 그렇지 못하다.

미생물의 효소에 의한 셀룰로오스 등의 분해도 화학 반응이므로 온도에 따라 반응 속도가 달라진다. 그렇다면 파충류는 체온이 변하면 음식물의 소화 속도도 변할 가능성이 있다.

아이오와 대학의 톨버 박사는 이구아나를 사용한 실험을 했다. 이구아나는 해가 떠 있는 동안은 음지와 양지를 이동하면서 체온을 36~37℃를 유지할 수 있도록 태양열의 흡수를 조절한다.

톨버 박사는 연공 환경에서 이구아나를 사육하면서 양지에 있는 시간을 단축시켜 낮의 체온을 점차적으로 저하시켰을 때의 소화율에 대해서 조사했다. 실제로는 인공조명 시간을 8시간에서 4시간으로 단축해 주간(활동기)의 평균 체온을 37℃에서 34℃로 저하시킨다. 결과는 이구아나가 평소 먹던 풀의 소화율은 56%에서 49%로 저하되었다.

그러나 음식물이 소화관을 통과하는 시간은 75시간에서 80시간으로

〈그림 1-12〉 이구아나

역으로 길어졌다. 따라서 소화율이 낮아진 것은 통과 시간이 짧아져 소화나 흡수할 수 있는 시간이 부족해졌기 때문이 아니다. 아마도 소화관 내 미생물의 활성이 저하되었기 때문으로 톨버 박사는 여긴다.

이것은 햇빛이 흐려지는 것처럼 자연계에도 있을 만한 정도의 체온 변화의 결과로서 소화율이 10%나 변화할 수 있음을 시사한다. 이 정도로 변화하면 성장처럼 많은 영양을 필요로 하는 현상에는 영향을 미칠 것 같기도 하다.

이 이구아나의 실험 결과는 포유동물에도 의미가 있다. 그 이유는 나중에도 나오지만 포유동물 중에도 체온의 고저가 있는 동물이 있기 때문이다. 또한 사람도 병이 생기면 열이나 체온이 상승하며 심장 수술 시에는 체온을 20℃ 정도까지 낮추는 저체온 마취라는 방법을 쓰기도 한다.

이와 같이 포유동물의 체온이 변했을 때 소화관 내 미생물의 활동은 어떻게 되는가, 그 결과 음식물 섬유 등의 소화는 어떻게 변화하는가 하는 문제는 아직 모른다.

2장

—
∗

폭포를 뛰어오르는
잉어의 에너지원은 무엇인가?

물고기는 원래 동물식을 했을지도

포유동물에게 단당이나 자당(설탕의 주성분) 같은 '2당류(단당이 2개 결합한 것)'와 녹말 같은 탄수화물은 소화나 흡수가 쉬운 중요한 에너지원이다. 따라서 곡물이나 과실 같은 이러한 탄수화물을 다량으로 함유하는 식물은 에너지원으로는 좋은 음식물이다.

그런데 척추동물 중에서 가장 긴 역사를 가진 어류는 이러한 탄수화물을 적절하게 처리하지 못한다. 그렇다면 무엇을 에너지원으로 하는가 하면 단백질과 지질(지방의 종류)이다. 이러한 사실은 척추동물의 조상이 원래는 동물을 먹고 살았다는 것을 말해 주는 것인지도 모른다. 동물체에는 글리코겐 이외에 탄수화물은 거의 없고 물과 단백질과 지질(주로 지방)로 거의 이루어져 있다.

사람은 고등, 물고기는 하등인가?

그런데 포유동물을 '고등척추동물'이라고 부르는 사람이 있는데 그런 사람에게 어류는 하등동물이란 뜻이 된다. 필자는 이런 방법을 싫어한다. 고등이니 하등이니 하는 것은 값을 정하는 기준으로서의 이야기인데 물고기와 사람의 상하를 정하기 위해서 보편적인 가치 기준이 있다고는 생각할 수 없다.

'물고기의 능력'이라고 해봤자 우리가 다룰 수 있는 것은 우리가 다루려고 하는 성질뿐이다. 우리의 생각이 못 미치는 물고기의 능력에 대해서는 알 수도 없다.

분명히 말할 수 있는 것은 어류란 것은 실은 다양한 생물의 집합체이며 또한 고생대로부터 계속 살아남아 아직도 바닷속의 방대한 서식 구역 내의 우세한 집단으로 이어져 있다는 사실이다. 실은 척추동물의 진화를 분류학적으로 보면 우리가 '어류'라고 부르는 생물은 육상으로 올라온 척추동물, 즉 양서류, 파충류, 조류, 포유류를 합친 것에 해당할 정도로 크고 다양한 집단인 것이다.

내력이 좋은 성공자

　조류나 포유류라고 하는 것은 '강(綱)'이라는 분류상의 단계이다. 따라서 육상으로 올라온 척추동물에는 앞서 말한 4개의 강이 있다. 우리들이 '어류'라고 부르는 집단에도 4개의 강이 있다. 흔히 생선 가게에서 볼 수 있는 도미라든가 넙치라든가 정어리, 잉어 같은 것은 경골어류강(硬骨魚類綱)이라는 가장 새롭게 출현한 어류이다.

　그런데 가장 새롭다고 해도 경골어류는 지금부터 4억 년 전인 고생대의 중간쯤에 이미 수중에서는 우세한 생물이 되었고 그 이후에도 계속 그렇다. 또한 담수로 진출한 대진보를 이룩한 여러 종류까지 출현했다. 즉 경골어류는 내력이 좋은 성공자이다.

　경골어류는 이름에서 알 수 있듯이 칼슘 등의 광물질이 침착한 딱딱한 뼈를 가지고 있다. 원래 이 뼈는 칼슘 같은 광물질이 적은 담수 속에서 살기 위한 광물질의 저장고였다고 생각된다. 현재 우리 포유동물도 혈액 속의 칼슘이 없어지면 여러 가지 호르몬이 작용해 칼슘이 생길 수 있는 기능이 있다. 그리고 뼈와 혈액 사이의 칼슘의 운반이 신속하게 될 수 있도록 우리 뼈에는 구멍이 가득하며 가는 혈관이 뼈 조직의 구석구석까지 뻗을 수 있도록 되어 있다.

물속에 있으면 중력과 부력이 조화되므로 중력을 거슬러 몸체를 지탱할 필요는 없다. 척추동물이 육상으로 진출했을 때 이미 형성된 뼈가 몸체를 지지하는 역할을 했다.

과연 우리 포유류가 앞으로도 어류가 살아온 기간에 걸쳐 번영할 수 있을까, 아니 생존할 수 있을까 하는 것은 전혀 알 수 없다. 그러므로 우리 포유류가 어류보다 훌륭한지 어쩐지 필자는 도무지 자신이 없다.

턱이 없는 물고기

물고기의 시작은 원래 턱이 없는 물고기였다. 그 이름도 '무악어류(無顎魚類)'라고 한다. 이 종류는 지금도 살고 있다. 칠성장어나 다묵장어의 종류이다. 칠어장어류〔원구류(円口類)〕에는 아직도 턱이 없다.

턱이 있는 물고기가 출현한 것은 고생대의 데본기 무렵이며 턱이 생긴 것은 결정적인 대사건이다. 턱이 없으면 물 수도 없고, 말도 못하고, 젖도 먹을 수 없다. 따라서 포유류가 될 수 없다. 그러니 아래턱을 잡고 키스하는 장면도 존재할 수 없게 된다.

지상으로 올라온 척추동물은 모두 경골어류에서 분기했다고 여겨지며 따라서 모두 턱이 있다. 그렇다고 턱이 없으면 안 되는가 하면 무악어류는 아직도 살아남아 있으므로 그렇지도 않다. 단지 턱이 생김으로써 이

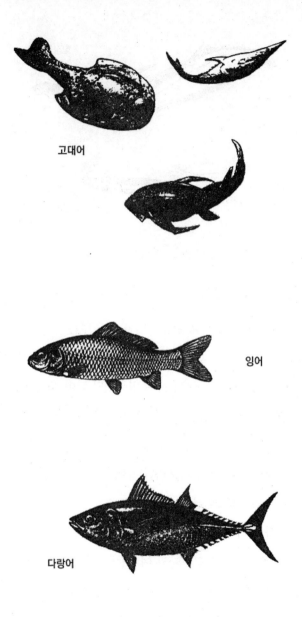

고대어

잉어

다랑어

〈그림 2-1〉 고대어와 현대의 경골어류

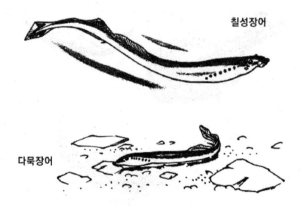

칠성장어

다묵장어

〈그림 2-2〉 칠성장어와 다묵장어

제까지 살 수 없었던 생활공간으로 진출할 수 있었다고는 말할 수 있다.

오래전부터 필자가 알고 싶은 것이 하나 있었는데, 그것은 턱이 생김으로써의 불이익이었다. "좋은 일만 있지 않다"는 것이 필자의 기본적인 생각인데, 턱이 생기면 좋은 것만은 분명하지만 턱이 생김으로써 불이익도 있을 것처럼 여겨진다. 도대체 어떤 불이익이 있을까?

그밖에 어떤 어류가 있는가(있었는가) 하면 몸체가 갑옷 같은 외골격으로 덮인 판피류(板皮類), 가오리나 상어의 무리인 판새류(板鰓類) 그리고 우리와 친숙한 경골어류이다.

최초로 출현한 턱이 없는 어류는 바다 바닥에 살고 있어 바닥 흙 속의 소동물이나 플랑크톤을 먹었다고 여겨진다. 즉 동물식이었다. 현재 살고 있는 경골어류 중에는 동물식인 것과 식물식인 것도 있다. 사실상 조류의 소화기관은 어느 종류라도 큰 차이가 없으나 포유류의 소화기관은 무엇을 먹는가에 따라 크기나 모양도 엄청나게 다르다.

먹이가 달라도 물고기는 살 수 있는가?

그렇다면 물고기의 소화기관은 평소에 먹는 먹이를 어느 정도 반영하고 있을까. 사실 놀라울 정도로 물고기에 따라 소화관의 모양이나 기능이 다르다. 예를 들면 꽁치를 1m 정도까지 늘리고 주둥이를 아주 길게 한 것 같은 동갈치처럼 위를 구분할 수 없는 물고기가 있고 잉어를 비롯한 여러 가지 물고기는 위와 소장 사이에 '유문수(幽門垂)'라는 방 같은 구조가 발달해 있다.

그런데 여러 가지 물고기의 소화기관을 비교할 때 구조나 기능 이외에도 중요한 것이 소화기관의 적응 능력이다. 즉 먹이가 달라졌을 때 그 변화에 어느 정도 적응할 수 있는 능력이 물고기에 따라 다르다. 이런 것을 비교하기 위해 캘리포니아 대학의 바딘턴 박사는 동물식 물고기인 무지개송어와 식물도 먹는 잉어 사이의 탄수화물에 대한 적응도를 비교했다.

먹이에 포도당을 섞으면

바딘턴 박사는 거의 단백질만으로 된 먹이로 잉어와 무지개송어를 사육했다. 다음에 그 잉어와 무지개송어의 절반에는 같은 먹이를 계속 급여했다. 나머지 절반은 먹이에 포도당 24%를 섞어서 주었다. 즉 먹이에 당분을 첨가했을 때 잉어와 무지개송어가 어떻게 적응하는가를 조사했다.

먹이를 바꾼 2주일 후에 바딘턴 박사는 이 물고기의 소장에서 포도당 흡수 속도와 아미노산의 일종인 프롤린의 흡수 속도를 조사했다. 즉 먹이에 탄수화물을 더했을 때 탄수화물과 단백질의 흡수 능력은 어떻게 변화하는가를 조사했다.

잉어는 적응했으나 무지개송어는 아니었다

결과는 어땠는가 하면 잉어의 경우는 먹이에 포도당을 가하니 포도당의 흡수 능력도 단백질의 흡수 능력도 높아졌다. 그리고 이러한 영양소를 흡수하는 기관인 장(유문수+소장)의 길이나 조직 중량, 흡수하는 장소인 관강(管腔)의 표면적도 커졌다. 그러나 무지개송어의 경우는 먹이에 포도당을 가해도 장의 길이나 중량 등은 변하지 않았으며 포도당의 흡수 능력도 변하지 않았다. 오직 프롤린의 흡수 능력이 약간 높아졌다.

이러한 결과로 볼 때 먹이의 탄수화물 함량을 늘렸을 때 식물식의 잉어는 그것에 적응하나 동물식인 무지개송어는 적응하지 못했다고 할 수 있다. 그렇다면 먹이의 탄수화물 함량이 많아졌는데 왜 무지개송어는 탄수화물이 아닌 단백질의 흡수 능력이 높아졌을까?

육식어의 기본적인 에너지원은 단백질이므로 육식어인 무지개송어는 탄수화물에 의한 에너지 공급 증가에 대해서도 원래의 에너지원인 아미노산의 흡수 속도를 높여서 반응했을지도 모른다.

무지개송어는 단것을 싫어할까?

바딩턴 박사의 연구팀은 녹말이나 포도당 같은 탄수화물을 가한 먹이

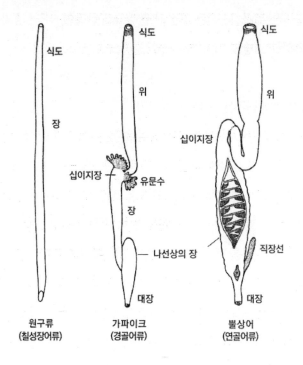

식도

장

원구류
(칠성장어류)

식도

위

십이지장

장

대장

유문수

나선상의 장

가파이크
(경골어류)

식도

위

십이지장

직장선

대장

뿔상어
(연골어류)

〈그림 2-3〉 식성에 따라 물고기의 소화관은 달라진다
〔G. C. Kent Jr. "Comparative anatomy of the vertebrates"에 의함〕

로 무지개송어를 사육하는 실험을 다시 했다. 흥미로운 것은 단백질을 주
체로 하는 먹이에 녹말을 가해도 체중 증가는 변화가 없었는데 포도당을
가한 먹이를 줄 때 체중 증가는 15%가 나빠졌다. 먹이를 별로 먹지 않은
결과이다.

왜 무지개송어는 포도당을 가한 먹이를 싫어할까?

원인에 대해 바딘턴 박사팀은 여러 가지로 조사했다. 결국 포도당을 가한 먹이를 먹은 무지개송어는 간장의 글리코겐 함량이 5배나 증가해 있었고 혈액 속의 포도당도 많았다.

'밥 먹기 전에 단것은…' 왜 안 좋은가

어릴 때 어머니에게 "밥 먹기 전이니, 단것은 먹으면 안 돼" 하는 이야기를 들은 사람이 많을 것이다. 밥 먹기 전에 단것을 먹으면 당분은 장에서 신속히 흡수되므로 곧 혈액 속에 당분이 유입된다. 즉 혈액 중의 포도당 농도가 갑작스럽게 높아진다. 그러면 뇌 속의 식욕을 조절하는 부분이 포도당 농도가 높아진 것을 감지해 식욕이 없어진다. 그러니 어머니 말씀을 듣지 않고 식사 전에 단것을 먹으면 밥을 먹을 수 없게 된다.

무지개송어가 포도당을 가한 먹이를 먹었을 경우에도 같은 현상이 생긴다. 포도당이 들어 있는 먹이를 무지개송어가 별로 먹지 않는 것은 혈액 중의 포도당 농도가 높아지므로 식욕이 없어졌기 때문일 것이다. 이런 식으로 음식물의 '좋다', '싫다' 하는 것을 생리학적 기능면으로 설명할 수도 있다.

어쩌면 무지개송어는 혈액 속에 유입된 포도당을 처리하는 능력이 낮은지도 모른다. 그러므로 먹이 속에 포도당이 다량으로 함유된 경우에는 먹이를 먹는 속도를 늦추어 포도당이 체내(혈액)에 들어가는 속도가 과다하게 상승하지 않도록 할 필요가 있을지도 모른다.

사람의 당뇨병의 경우도 비슷하다. 당뇨병이 있는 사람도 혈액 속으로 도입된 당을 처리하는 속도가 빠르다. 그러므로 소화가 잘되는 탄수화물을 한꺼번에 많이 먹으면 혈액 속의 포도당 농도가 높은 상태를 유지한 채로 있다.

반대로 보면 무지개송어는 당뇨에 걸리기 쉬운지도 모른다. 그런 뜻에서 탄수화물을 다량 함유한 먹이로 사육한 육식어의 오줌을 분석하면 당이 검출되는 경우가 많다. 또한 이런 동물에게 안저검사(眼底檢查)를 하면 사람 당뇨병의 경우와 비슷한 증상이 발견된다고 한다.

녹말의 경우는 어떤가?

그렇다면 같은 탄수화물인 녹말이 들어 있어도 무지개송어의 먹이를 먹는 속도가 떨어지지 않는 까닭은 무엇일까. 녹말이란 것은 포도당이 여러 개 이어진 것으로 장에서 흡수될 때는 포도당으로 흡수된다.

바딘턴 박사팀의 실험에서 녹말이 들어 있는 먹이를 먹인 무지개송어의 경우는 간장의 글리코겐 함량은 높았으나 혈액 중의 포도당 농도는 높지 않았다. 다시 말해서 녹말의 경우에는 체내에 흡수되는 속도가 포도당의 경우보다는 빠르지 않다. 왜 그럴까? 녹말일지라도 포도당이 이어진 것인데—. 실은 '이어졌다'는 것이 열쇠이다.

소화한다는 것은 음식물을 소화관의 점막을 통과할 수 있을 정도까지 잘게 만드는 일이다. 녹말 자체는 분자가 지나치게 커서 흡수되지 않으나 포도당의 크기라면 흡수된다.

어떻게 잘게 하는가 하면 '소화 효소'라는 것으로 단백질이든 녹말이든 절단하는 것이다. 이런 소화 효소라는 '가위'는 절단하는 상대방이 정해져 있으므로 단백질을 절단하는 가위로는 녹말을 절단할 수 없다. 그러므로 녹말을 소화하는 속도, 즉 포도당과 포도당 사이의 결합을 절단하는 속도는 절단하는 효소의 작용 상태에 따라 결정된다.

바딘턴 박사팀은 무지개송어의 녹말용 소화 효소의 작용을 조사해 보았다. 결과는 약했다. 그러니 무지개송어의 경우에는 녹말이 들어 있는 먹이를 먹여도 분해가 느리다. 따라서 포도당이 되는 데는 시간이 걸린다. 그 결과 포도당이 체내로 도입되는 속도는 느리다는 사실을 알게 되었다.

다른 여러 가지 물고기에서는?

잉어와 무지개송어는 뚜렷한 차이가 있다는 사실을 알았다. 그러나 이런 결과만으로 "육식어에 있어서는…" 또는 "초식어의 경우는…"라는 식으로 말할 수는 없다. 잉어나 무지개송어가 특수한 경우인지도 모르기 때문이다.

그러므로 바딘턴 박사팀은 여러 가지 식성의 경골어류로서 고단백질에서 고탄수화물에 이르기까지 먹이 종류를 바꾸어 단백질 성분인 아미노산과 포도당의 소장에서의 흡수 능력의 적응을 관찰했다.

글로 쓰니 간단한 것 같지만 이것은 대단한 실험이다. 어느 물고기가 어떠한 식성인가를 알아야 한다. 그리고 각각의 물고기를 같은 먹이로 인공 사육하고 그것에서 흡수 능력을 측정해야 한다. 그러니 어떤 물고기를 선정하고 어떤 실험 사료를 설계하는가에 따라 연구자로서의 실력이 뚜렷하게 나타나게 된다.

바스

흰철갑상어

테라피아

〈그림 2-4〉 테라피아, 흰철갑상어, 바스

바딘턴 박사팀이 선정한 것은 초식어로서는 잉어, 풀잉어, 테라피아, 잡식어로는 흰철갑상어와 메기, 육식어로는 바스와 무지개송어이다. 여기에다 성장하는 데 따라 육식에서 초식으로 변하는 베도라치의 무리도 추가했다. 이러한 물고기들이 원래의 먹이를 먹을 경우에는 소장에서의 포도당 흡수 속도는 초식어가 높고 아미노산의 흡수 속도는 육식어가 높다.

인공 사료로 사육한 경우에도 포도당의 흡수 속도는 초식→잡식→육식의 순이었으나 아미노산의 흡수 속도는 별다른 차가 없었다. 그 까닭은 원래 경골어류는 식성에 관계없이 단백질이 많이 필요하기 때문인 것 같다.

혈통인가 적응인가?

포도당 흡수 속도의 차이는 유전적인 것일까, 아니면 부화 후의 영양 조건에 대한 적응일까?

이 문제를 위해 바딘턴 박사팀은 여러 가지 물고기를 같은 인공 사료로 사육해 포도당의 흡수 속도를 측정했다. 결과는 역시 초식→잡식→육식의 순서였다. 또한 성장하는 데 따라 식성이 변하는 물고기의 경우에도 당이나 아미노산의 흡수 속도는 크게 변하지 않으므로 아마도 유전적으로 정해져 있는 부분이 많은 것 같다.

경골어류는 '식물식'이라 해도 포유동물에 비하면 탄수화물을 이용하는 능력이 낮다. 그중에서 탄수화물을 이용하는 방향으로 적응할 수 있는 종이 '식물식'으로 분화한 것 같다. 또한 소나 말같이 소화관 내의 미생물에 의한 셀룰로오스 소화는 물고기에서는 발달하지 않은 것 같다.

물고기는 변온동물이므로 포유류나 조류에 비하면 에너지 요구가 낮다. 따라서 무리하게 셀룰로오스 같은 소화하기 어려운 것을 먹지 않더라도 이용하기 쉬운 당이나 녹말만으로도 충분히 필요한 만큼의 에너지를 얻을 수 있는지도 모른다.

3장

낙타는 왜
사막에 강한가?

대형 가축일수록 물 부족에 강하다

아프리카에는 사하라 사막 같은 사막 지대나 그것을 둘러싼 사바나 같은 건조 지대가 있다. 사바나에는 식물이 자라고 그것을 먹는 야생동물이 다수 있으며 이러한 식물을 이용해 가축을 기르는 사람들도 많다. 이런 동물들은 건조 지대에 어떻게 적응해 살고 있을까. 그리고 자주 내습하는 한발에 어떻게 대처할까?

영국 스코틀랜드에는 애버딘이라는 곳이 있다. 현재는 북해 유전의 기지로 되어 있는 항구 도시이다. 애버딘 공항 근처에 있는 로엣 연구소의 생리학 부장을 맡았던 로빈 케이 박사의 연구를 기초로 해서 이 문제를 생각해 보자.

케이 박사가 재직했던 로엣 연구소는 세계 최대(아마 최고이기도 하다)의 영양학 연구소로서 제2차 세계대전 때부터 반추동물의 영양학이나 생리학 연구로는 세계를 이끄는 연구기관이었다. 현재는 사람의 영양학 부분에 크게 비중을 두고 있으나 그래도 세계 제일의 반추동물 연구기관이다.

케이 박사는 2대째 이어지는 동물생리학 연구자로서 산업 혁명의 중요한 일보였던 '케이의 나는 북'을 발견한 존 케이 집안이다. 케임브리지 대학의 동물학 출신으로 동료 사이에도 인품을 높이 사는데 '로빈의 유일한 결점은 No라고 말할 수 없는 점'이라고 한다. 수년 전에 3개월간 일본에 체재했는데 그때도 "매일 한자씩 한자를 외운다."라는 목표를 세우고 실천했다는 성실한 사람이다.

그런데 이런 인품이 재난을 불렀는지, 일본 체류 중에 마거릿 대처 영국 수상의 공무원 감원 계획 명부에 이름이 올라 물러나게 되었다. 이 연구는 그러한 처지의 케이 박사를 친구들이 걱정해 나이로비 대학의 객원교수로 알선했을 때 케이박사가 정리한 것이다.

아프리카에는 소, 양, 염소, 낙타, 당나귀 등의 가축이 있으나 가장 많은 것은 소이다. 소와 염소는 몸 크기가 다르니 체중의 합계(생물체량 '바이오매스'라고 한다)로 비교한다. 그러면 소는 아프리카 전체 가축 생물체량의 3분의 2를 차지한다.

아프리카의 가축은 어디에서 왔는가?

아프리카에 있는 가축은 어디에서 왔을까? 그들이 옛날 살던 지역의 환경 조건은 어땠을까?

아프리카에 있는 가축은 당나귀 이외는 서아시아에서 가축화되어 5000년쯤 전에 아프리카로 데려 온 것으로 생각된다.

낙타의 조상은 남아라비아의 사막 주변에, 양과 염소의 조상은 무덥고 건조한 계절이 정기적으로 오는 중근동의 산지에 서식했던 것으로 여겨진다. 이들 종은 때로는 한발이 내습하는 지역에서 발달했으니 한발에 대해서는 원래부터 익숙했을 것이다.

소는 '오록스'라고 부르는 야생의 동물에서 유래했는데 오록스는 유럽에서 인도에 걸친 삼림이나 관목이 자라는 지대에 서식했다. 그러므로 극단의 건조나 심한 더위를 경험하지는 않았다.

그러나 아프리카에 옛날부터 있었던 가축인 혹소(Zebu 소)는 오룩스 중에서도 인도에 서식하던 종류에서 유래한 것 같은데, 아프리카에 온 지 5000년 정도 지났으나 유럽에서 도래한 소보다는 한발에 대해 강하다.

양지의 낙타가 태양을 향해 정면으로 앉아 있는 까닭

또 한 가지 사막에서 괴로운 것은 낮 동안의 더위이다. 이 더위는 어디에서 오는 것일까. 케냐의 보란종의 소는 체내에 들어오는 열의 71%는 태양광의 복사열이고 29%가 동물 자신의 대사에 의한 것이다. 정말로 더울 때는 더워진 물체로부터 복사열이 들어오고 기온이 체온보다 높을 때는 주위의 공기로부터 전달에 의해 열이 체내로 들어온다.

털은 우수한 단열재이며 털을 깎으면 열의 부하가 그대로 몸체에 전해지며 이 열을 방출하기 위해서 물의 증발량이 증가한다. 털색도 중요하다. 더운 지대에는 엷은 색 털의 가축이 많고 이런 동물 쪽이 한발에 살아남기 쉽다고 알려져 있다.

하루의 행동 양상도 중요하다. 더운 곳에 사는 가축은 해가 뜨기 전에 행동하고 볕이 강렬할 때는 그늘을 찾는다. 낙타는 그늘이 없는 곳에서는 태양 방향을 향해 앉아, 볕을 맞는 면적을 적게 하는 동시에 지면에서 반사하는 열을 피하는 전술을 쓴다. 주간에 그늘에서 쉬는 동물은 먹이를 얻기 위한 시간이 줄어들지만 이와 같이 그늘에서 휴식을 취하는 사이에 반추하면서 시간을 절약한다.

그런데 한발 때는 기온이 높은 데도 풀의 질이 나쁘고 드문드문 나 있다. 그러므로 적은 풀을 찾아 필요한 만큼 먹자면 시간이 걸린다. 먹는 동안은 사정없이 햇볕을 쬐니 수분도 증발한다. 그러므로 가뭄으로 풀이 부족할 경우에는 영양면에서만 아니라 열과 물에서도 부하가 걸려 있는 상태이다.

더운 환경에 적응하기 위한 또 다른 방법은 열을 비축하는 일이다. 사람도 그렇지만 포유동물은 더운 낮에는 약간 체온이 높아지고 밤에 원상태로 돌아간다. 이 현상은 열이 신체로 들어와도 전부 땀을 흘리는 방법으로 곧 방출하지 않아도 좋다는 것이다. 밤이 되면 체온보다 외기 쪽이 훨씬 온도가 낮아지니 복사나 전도에 의해 수분의 손실 없이 체내에 비축한 열을 쉽게 방출할 수 있다.

이 방법은 큰 동물일수록 효과적이다. 그 까닭은 체표면적은 체중의 3분의 2제곱에 비례하므로 몸이 커져서 체중이 늘어나도 체표면은 별로 늘지 않는다. 따라서 몸이 큰 동물 쪽이 체표면적당의 체중이 많다. 열이 출입하는 것은 체표면이고 열을 비축하는 것은 몸 자체이므로 체표면적당의 체중이 큰 대형동물 쪽이 열을 비축하기 쉽기 때문이다.

예를 들면 알제리의 사막에 사는 낙타는 일몰 시 체온은 39℃이고, 일출 시 체온이 36℃가 되는 것과 같은 경우이다. 낙타가 물을 먹지 않고 탈수 상태일 때는 40℃대 35℃에까지 이른다. 체온이 이렇게 변동하는 것은 열을 축적할 수 있을 뿐 아니라 주간에는 열 흡수를 방지하고(물을 절약할 수 있다), 야간에는 열의 방출을 막을 수 있게 된다 (에너지를 절약할 수 있다).

긴 코의 효용

체온이 오르내려도 아무렇지 않은 기능은 참으로 멋지다. 뇌는 언제나 일정한 온도로 되어 있지 않으면 정상으로 작용하지 않는다. 그런데 다행스럽게도 체온 조절 중추가 바로 뇌 곁에 있다. 뇌로 가는 혈액의 대부분은 작은 혈관이 그물같이 되어 있는 곳을 통과하고, 이 그물의 곁에 코에서 뻗어난 정맥의 혈액이 고여 있는 곳[정맥동(靜脈洞)]이 있다.

낙타는 밖의 건조한 공기를 들이쉬니 코 점막의 수분이 증발한다. 이때의 기화열에 의해 코의 점막이 냉각되므로 코에서 온 혈액도 냉각된다. 코의 점막은 '비갑골(鼻甲骨)'이라는 미로 같은 모양의 뼈에 붙어 있으므로 점막의 표면도 복잡한 모양으로 뒤섞여 있다. 다시 말해 점막의 표면적이 크므로 냉각 효율이 높다. 더구나 사막에 서식하는 반추동물 중에는 기린이나 딕딕같이 코가 긴 동물이 있어 이러한 동물은 냉각 표면이 더욱 크다. 이렇게 냉각된 정맥의 혈액은 이웃하여 유동하면서 뇌로 가는 동맥혈을 냉각한다. 즉 정맥과 동맥이 '열교환기'로서 작동하는 셈이다.

이렇게 해서 '머리를 식히면' 뇌의 체온 조절 중추의 온도는 별로 상승하지 않는다. 그러므로 동물체는 너무 '덥다'고는 느끼지 않는다. 몸 중심부의 체온이 40℃를 초과하는 경우가 아니면 땀을 흘리거나 해서 체온을 저하시키는 일도 일어나지 않는다.

사막에 서식하는 반추동물의 코는 이것 이외에도 중요한 역할을 한다. 앞에서 말한 것과 같이 숨을 들이쉬면 코 점막의 수분이 증발해 점막의 온도가 내려간다.

이때 숨을 내쉬면 내쉰 숨 속의 열을 점막의 온도를 높이는 형식으로 회수하게 된다. 또한 찬 곳에 습한 숨이 나오게 되니 코 점막의 표면은 내쉬는 숨 속의 수분이 이슬이 되어 모여지므로 수분도 회수된다. 이런 기능에 의해 숨에서 방산되는 수분의 4분의 1에서 절반 정도(기린에서는 50%)를 회수할 수 있다.

체내의 열은 어떻게 방출하는가?

보통 살고 있는 자체로도 이를테면 근육 수축이나 내장의 활동, 이온 수송 등을 하는 것만으로도 열이 발생한다. 절식 시킨 성숙한 소는 하루에 킬로그램 체중의 0.75제곱당 340kJ의 열을 발생한다.

동물이 먹이를 먹으면 먹거나 소화하는 일, 흡수한 영양소가 대사되는 일로 인해 또 열이 생긴다. 자체의 조직이나 젖을 만들거나 임신하거나 여러 가지 사역을 하는 동물은 더욱 열이 발생한다.

체온을 유지하려면 이렇게 발생하는 열은 전부 발산할 필요가 있다. 체내 깊숙한 곳에서 생긴 열은 혈액에 의해 외기와 접하는 부분으로까지 운반해 발산한다. 열의 발생량이 크거나 외기 온도가 높을 때는 체온도 높아지므로 체온 조절 중추가 작용하게 된다.

그러면 피부의 혈류를 빠르게 하거나 헐떡거리거나 땀을 흘리므로 열을 발산하기 쉽다. 체온의 높은 상태가 계속되면 활동이 둔해지거나 식욕이 감소하고 대사 속도가 늦어지기도 해서 열 발생을 억제한다.

동물의 체형이나 체표면적과 체적의 비율도 중요하다. 혹소나 일란드

〈그림 3-1〉 일란드

(큰 영양), 낙타 등을 옆에서 보면 커 보인다. 다리가 길고 혹이 있거나 목이나 가슴에서 피부가 늘어져 있기 때문이다. 따라서 새벽이나 해질녘같이 기온이 낮고 태양이 옆으로 내리 쬘 때는 태양 광선이 비추는 방향과 직각으로 향하면 볕에 쬐는 면적이 커지므로 햇볕을 쬐는 효과가 높아진다.

한편, 이런 동물을 위에서 보면 면도날을 위에서 보는 것처럼 가늘다. 그러므로 기온이 높은 대낮에 바로 위에서 쬐이는 태양광에 접하는 면적이 작아진다. 그러나 구미나 일본에서 기르는 소나 양은 배가 크고, 둥글고, 다리가 짧다. 그러므로 여기에서 설명한 것 같은 전술은 적용되지 않는다.

물 부족에 어떻게 대처하는가?

사막이나 한발에 적응한다는 것은 '물 부족에 어떻게 대처하는가'라는 것이 중요한 문제이다. 예를 들면 소는 어느 정도 물을 먹을까? 아프리카 토착 품종인 본(Born) 종의 소를 4년간 400kg까지 기른다고 하면 그동안 필요한 물의 양은 28t, 정육점 냉장고 속에 걸려 있는 정육 1kg을 생산하는 데 필요한 물의 양으로 환산하면 100ℓ가 된다. 지육 1kg당으로 비교하면 말이나 당나귀는 소보다 10%의 물이 더 필요하다. 돼지는 물의 필요량이 많아 극히 강우량이 많은 일부의 지역에만 있을 뿐이다. 따라서 가축의 분포는 식습관이나 종교적인 계율 이외에도 기후나 생물학적 요인도 관련된다는 것을 알 수 있다.

그런데 물 요구량은 체내의 수분량과 비례한다. 즉, 체내의 함수량에 비례해 물을 섭취해야 한다. 체내의 수분량은 체중의 0.82제곱에 비례한다. 무슨 뜻인가 하면 체중이 클수록 체내 수분량이 적어진다는 뜻이다. 따라서 체중당으로 생각하면 대형동물 쪽이 소형동물보다 체내 수분량이 적으므로 그 분량만큼 물을 먹는 양이 적어도 된다. 먹이의 수분 함량이 상당히 많으면 별문제지만 먹는 물이 최대의 물 공급원이다.

하루에 어느 정도의 물을 동물이 먹는가 하면 체중 30kg의 염소는 2ℓ, 체중 35kg의 양은 1.9ℓ, 체중 350kg의 혹소는 16ℓ, 체중 500kg의 낙타는 18ℓ 정도이다.

단숨에 마시는 명인

탈수 상태인 사람이 단숨에 물을 마시면 물중독에 걸린다. 혈액이 희박해지고 적혈구가 파괴되거나 뇌에 물이 고여 부종을 일으키기도 한다. 이러한 상태는 생명에도 관계된다.

반추동물이나 낙타는 사람보다도 물을 단숨에 마시는 데 강하다. 거대한 제1위가 '저수조'의 역할을 하기 때문이다. 그러면 이러한 동물이 단숨에 물을 마시는 실력을 알아보자.

우선, 탈수 상태의 낙타는 단 12분 동안에 체중의 30% 정도의 물을 마셔도 혈액의 삼투압은 정상값보다 약간 밑돌뿐 아무 탈도 없다.

네게브 사막에 서식하는 검은 얼굴을 한 베도윈 염소는 가장 갈증을 잘 견디며 단숨에 물을 마실 수도 있다. 역시 반추위가 물탱크의 역할을 하기 때문이다. 베도윈 염소를 2일간 단수하면 그동안에 반추위의 내용물 중에서 2~3 ℓ 나 되는 물을 몸에 흡수해 소모한다. 그러니 베도윈 염소는 나흘에 한 번 물을 주어도 살아갈 수 있을 뿐만 아니라 먹이도 충분히 먹고 많은 젖을 내기도 한다(젖의 85%는 물이다).

물의 재순환도 할 수 있다

사막에 사는 가축의 먹이도 역시 건조되어 있다. 그러나 이런 가축은 타액선이 발달해 있으므로 계속 군침을 내니 건조한 먹이도 쉽게 먹을 수 있으며 반추위 속에도 수분이 충분히 있으므로 세균의 도움으로 섬유분이 많은 풀 같은 것을 잘 소화할 수 있다.

〈그림 3-2〉 베도원 염소

　물을 마시지 않는데도 어떻게 많은 군침이 나올까. 이 물음에 대한 열쇠도 큰 밥통에 있다. 일단 배출한 타액의 수분을 반추위에서 흡수해 혈액에서 다시 타액선으로 되돌린다. 그러므로 소변이나 내쉬는 숨으로 체외로 배출하는 분량의 물만 먹으면 충분하다.

　이와 같이 물의 재순환을 하기 위해서는 반추위에서 다량의 물을 흡수할 필요가 있다. 앞에서 말한 것과 같이 거대한 반추위는 그 표면적도 크므로 흡수 능력은 높고, 위 속에서 세균이 먹이를 분해해 생성하는 아세트산 같은 유기물에는 수분 흡수를 돕는 작용도 있다.

물 부족에 견디므로 먼 곳의 먹이를 먹을 수 있다

　물을 절약할 수 있거나 저장할 수 있다는 것은 물을 마시는 간격이 길어도 살아갈 수 있다는 뜻이므로, 물이 있는 곳에서 멀리 떨어진 곳까지 먹이를 먹으러 갈 수 있다는 뜻이기도 하다.

예를 들면 매일 한 번 물을 먹이는 방법으로 소를 기를 경우에 소는 물이 있는 곳에서 반지름 8㎞ 범위 내의 먹이를 먹을 수 있다. 한편, 낙타는 '사막의 배'라고 할 정도이니 하루에 20~40㎞나 걷고 수일간 물을 먹지 않고 견딘다. 그러므로 소보다 훨씬 광범위하게 먹이를 구할 수 있다. 낙타를 기르는 사람은 낙타 젖이나 혈액을 마실 수 있으므로 식량이나 물이 없어도 낙타와 함께 며칠간 행동할 수 있다. 유목민에게 있어서 이런 것은 대단히 편리한 일이다.

그러면 어째서 낙타는 탈수에 견딜 수 있을까? 낙타는 이후에 이야기하는 것처럼 같은 구멍 속에 숨어 버리는 방법을 쓰기에는 너무 크다. 낙타의 혹이 물이 아니고 지방이라는 것은 이미 여러분도 알고 있다. 지방을 산화해 물을 만들어도 동시에 열이 생기므로 결국은 물을 손해 본다.

실제로는 여러 가지 방법을 쓰고 있으나, 그중의 한 방법이 나중에 설명하는 것 같은 체온을 변화시키는 일이다. 또한 낙타의 모피는 잔털이 빈틈없이 빽빽하게 나므로 단열 효과가 월등하게 좋은 점도 유리하다. 더욱이 낙타의 적혈구는 혈액 중 수분이 감소해 삼투압이 높아져도 파괴되지 않는다는 점도 유리하다.

먹이 속의 물

그러면 사막의 가축들이 먹는 먹이에는 어느 정도의 물이 함유되어 있을까. 여기에서 생각하는 가축은 모두 식물식이며, 육식이나 잡식동물은 없다. 나중에도 설명하지만 식물식동물이 물 부족에 잘 견딜 수 있다.

같은 식물이라도 풀과 수목은 잎의 사정이 다르다. 풀의 수분 함량은 계절에 따라 크게 변한다. 건기의 끝 무렵에는 10% 정도까지 저하하고 우기의 최대 성장기에는 80%에 이르기도 한다.

기린 같은 '엽식자(葉食者)'라고 부르는 동물은 나무나 관목의 잎을 먹으나, 이런 식물은 풀보다 깊게 뿌리가 뻗어 있는 반면 풀같이 빨리 자라지 않는다. 그런 성질 때문에 나뭇잎의 수분 함량은 30~70%이며 풀잎만큼 변화가 심하지 않다.

우기에는 풀의 수분 함량이 많으므로 풀을 먹는 동물은 필요한 수분을 모두 풀에서 섭취한다. 그러니 물을 장기간 마시지 않아도 견딜 수 있다. 그러나 건기에 이르러 풀의 수분 함량이 저하되면 물을 찾을 필요가 생기고 물을 절약하거나 저장하는 능력을 발휘하지 않으면 살아남을 수 없다. 한편, 나뭇잎을 먹는 동물은 나뭇잎의 수분 함량이 안정적이므로 건기에도 어느 정도는 먹이에서 수분을 취할 수 있다. 따라서 같은 식물식이라도 무엇을 먹는가에 따라 물을 어느 정도 섭취하는가의 차이가 있다. 풀이나 잎 표면에는 건기에도 밤이슬이 맺히니 그 수분을 식물은 흡수한다. 따라서 동물은 야간이나 이른 아침에 먹이를 먹으면 많은 수분을 섭취할 수 있다. 그러나 아프리카에서는 방목한 가축을 육식동물이나 가축 도둑으로부터 지키기 위해 밤에는 축사에 넣는 경우가 많다. 따라서 이런 방법으로 물을 섭취할 수는 없다.

대사로 생기는 물

체내에서 탄수화물이나 지방, 단백질을 연소(산화)시키면 에너지 외로 이산화탄소나 물이 생긴다. 뒤집어 말하면 이러한 영양소를 합성하기 위해서는 물이 필요하다. 그렇다면 영양소를 산화하면 어느 정도의 물이 생길까.

보통 정도로 소화(소화율이 55% 정도)되는 풀이면 건조 중량으로 해서 1kg의 소화물에서 550g의 물이 생긴다. 다시 말하면 건조 중량으로 1kg의 풀을 먹고 소화하고 대사하면 0.55×550=302.5g의 물이 생긴다. 이렇게 생긴 물은 신체의 수분 요구가 낮을 때는 요구량의 10~20%, 높을 때라면 5~10%에 해당한다.

한편 가축도 필요 이상의 에너지를 섭취했을 경우에는 이 에너지를 지방의 형태로 체내에 저장한다. 이 체지방을 연소할 때는 지방 1g당 1g의 물이 생긴다.

더울 때는 영양소를 연소할 때 생기는 열을 땀을 흘리거나 헐떡거릴 때의 수분 증발로 발산할 필요가 있다. 먹이나 체성분의 영양소를 연소해 생기는 수분량은 영양소를 연소하는 과정에서 생기는 열을 발산하는 데 필요한 수분량보다 훨씬 적다. 그러니 대차 계산상으로는 영양소를 연소하면 도리어 물이 필요하게 된다.

그렇지만 이렇게 생기는 물도 어차피 영양소를 연소할 필요가 있을 경우에는 방열하기 위해서 먹는 물의 양을 줄이는 역할을 하는 것만은 분명하다.

수분의 배출구

먹는 물이나 음식물 속의 물로서 체내에 들어온 수분은 그 분량만큼 체내에서 배출된다. 물의 배출구는 어디인가 하면 소변, 대변 그리고 땀이나 숨으로서 증발하는 분량이 있고 성장 중인 동물은 성장한 조직 내의 수분이 된다. 젖을 내는 동물은 젖도 대량의 수분 배출구이다.

대변으로 배출되는 수분

성장이 끝난 풀처럼 소화하기 어려운 섬유를 다량 함유하는 먹이를 먹은 동물은 다량의 대변을 배설한다. 대변에는 보통 60~70%의 수분이 함유되어 있다. 그러니 수분의 배출구로서는 크다. 하루에 건초 1,000g을 먹는 양의 경우를 생각해 보자. 건초 1,000g 중에는 100g의 수분과 900g 고형분이 있는데 이 고형분의 소화율은 약 55%이다. 한편 대변의 수분 함유량은 62%이므로 1일분의 대변에서 고형분이 405g[900×(1-0.55)], 수분이 661g(405×)이 배출된다.

먹이에 함유되는 수분이 100g, 먹이 속의 영양분이 연소해 생기는 수분이 261g이므로 이것을 661g에서 빼면 정미 300g의 수분을 대변에서 방출하게 된다. 오줌이나 폐에서 발산되는 수분을 무시해도 최소한 이 정도의 물을 먹지 않으면 동물은 수분 부족으로 죽게 된다.

그밖에도 풀에 함유된 염분이나 풀 성분에서 생성된 대사산물을 오줌으로 배설하므로 수분은 방출된다. 또 풀 속에는 칼륨이 대량 함유되어 있는데 이것은 대변으로 배출된다. 칼륨이 배출될 때도 수분도 함께 배출되므로 칼륨을 다량 함유하는 어린 풀을 먹으면 대변으로 방출되는 수분량이 많아진다. 또한 동물은 풀을 찾아다니면서 먹는 활동을 한다. 이 때문에 열이 생기고 그 열을 발산하기 위해서도 수분은 증발한다. 더욱이 풀을 먹을 때는 햇볕을 쬐므로 이 열을 발산하기 위해서도 수분은 발산된다.

수분 손실을 방지하는 기능

사람도 그렇지만 탈수 상태가 심한 동물은 먹는 일을 멈추고 수분의 손실을 방지한다. 동시에 소화관으로부터 수분의 재흡수를 많이 한다. 이러한 현상은 단순히 '식욕이 없다'는 것만이 아니라 제법 합리적인 기능인 것이다. 예를 들면 탈수 상태로 식욕이 없는 낙타는 위가 수축한다. 수축하면 위 내용물의 양과 나아가서는 그 속에 함유된 수분량도 감소된다. 이렇게 감소된 수분 중량은 체중 감량과 맞먹을 정도이다.

그렇지만 이러한 기능적 방법은 단기간에만 적용된다. 이를테면 이동할 때든가, 풀이 많은 곳으로 이동하기 위해 물이 없는 지대를 횡단할 때 등이다. 채식량이 신체의 영양 요구량보다 적은 상태가 며칠이나 계속되면 성장하지 않으며, 배유량도 저하되고 노동 능력도 저하한다.

건조한 환경에 적응한 동물은 배변 시 다량의 수분이 배출되지 않도록 하는 능력이 발달해 있다. 케냐의 토착 혹소는 유럽 원산의 소보다 대변이 건조하고 물을 충분히 섭취 못해도 식욕이 떨어지지 않는다.

물을 충분히 먹지 못했을 때 낙타 대변의 수분은 43%까지 낮아지며 탈수 상태의 딕딕의 경우에는 40%까지 저하한다. 이 상태는 대변의 고형분 보수력보다도 낮다. 이러한 동물의 대장을 연구한다면 흥미로운 사실이 밝혀질 것 같다.

오줌에서의 수분 손실

신장은 남아도는 수분을 배출하고 먹이에 함유되는 염분 등을 배출함으로써 혈액이나 조직액의 양이나 질을 일정하게 유지하는 작용을 한다. 과잉 수분과 염분이나 요소 등을 배설하기 위해 오줌을 체외로 배출한다. 신장은 2단계의 과정을 거쳐 오줌을 만든다. 제1단계는 혈액 중에서 혈구나 단백질 같은 큰 분자 이외의 수분이나 염분을 걸러내는 일이다. 제2단계는 이런 식으로 생긴 오줌의 원료에서 신체 상태에 맞추어 수분이나 그밖의 물질을 다시 한번 회수하는 일이다.

탈수 상태의 동물은 두 가지 방법으로 오줌으로 배설되는 수분량을 감소시키려고 한다. 체내로 들어오는 수분량보다 배출되는 양이 많으면 체내 수분량의 감소에 따라 혈액량도 준다. 첫 번째 방법은 혈액량의 감소에 맞춰 오줌 원료의 생성을 줄이는 일이다. 오줌을 만드는 제1단계란 혈액에 압력(혈압)을 가하면서 여과지로 걸러내는 것 같은 일로, 혈액량이 줄면 혈압이 저하하므로 그만큼 여과되는 양도 감소되는 기구이다. 그러나 더욱 중요한 것은 항이뇨 호르몬에 의한 제2단계 부분의 조절이다. 체내 수분이 감소해 혈액 농도가 높아지거나(삼투압이 상승) 양이 감소하면 항이뇨 호르몬의 분비가 많아진다. 이 호르몬은 신장에서의 수분 재흡수를 활발하게 하므로 오줌으로 배출되는 수분량은 줄어드니 결국 오줌의 농도는 높아진다.

　어느 정도의 고농도의 오줌을 생성하는가는 신장에서 오줌을 만드는 구조인 세뇨관의 길이에 따르나 사막에서 서식하는 동물의 세뇨관은 길다. 오줌 농도를 혈액의 몇 배 농축할 수 있는가로 나타낸다면 딕딕은 13배, 낙타나 양, 염소, 사막에 서식하는 안테로프류에서는 10배이다. 그러나 가축소나 당나귀는 5배에 불과하다. 즉 같은 반추동물이라 할지라도 가축화된 소는 신장에서 수분이 쉽게 배설된다.

　어느 정도 고농도의 오줌이 생기는가 하는 것은 어느 정도 고염분의 물을 먹을 수 있는가 하는 일이기도 하다. 예를 들면 소는 1.0~1.5% 정도까지 염수밖에 마실 수 없지만 양이나 염소는 1.5~2.0%, 낙타는 이것의 2~3배 농도의 염분을 함유하는 물도 마실 수 있다.

　사막에는 고염분의 토지도 제법 많다. 텔레비전에서 소금 사막 영상을 본 사람도 있을 것이다. 또한 미국 중서부의 건조지대도 염해는 심각한 문제이다. 염분이 높은 토지에서 자라는 식물도 염분 함량이 높으나, 고농도의 오줌을 생성하는 동물은 이러한 짠 식물을 먹이로 이용할 수 있으므로 사막에서 살아가는 데는 안성맞춤이다.

　오줌 속에 방출되는 대사산물로서 최대의 것은 요소이다. 건기에 식물은 성숙한 상태로 있다. 이런 식물에는 셀룰로오스가 많고 단백질이나 질소 화합물은 적다. 따라서 요소의 원료가 체내에 별로 섭취되지 않으므로 요소는 다량으로 생산되지 않으니 요소를 배출하기 위한 수분은 적어도 된다. 그러므로 단백질을 많이 먹는 육식동물보다는 편리하다. 또한 제1

장에서도 말한 것과 같이 반추동물은 원래 오줌으로 배출할 요소를 체내에서 순환시켜 이용하므로 오줌으로 배출하는 요소의 양은 적다. 따라서 오줌에서 배출하는 수분도 적다.

한편 대장 속에 스며 나온 요소도 대장 내의 세균에 이용되나 대장은 소장보다 밑 부분에 있으므로 토끼와 같이 배설물이라도 먹지 않으면 대장에서 생긴 세균체를 동물은 이용하지 못한다.

그러나 물에 용해되는 요소를 물에 용해되지 않는 세균체라는 형태로 변화시키므로 일단 소화관에 유입된 요소는 혈액으로 되돌아가지는 못한다. 따라서 혈액 속의 요소량은 적어지고 신장에서 요소를 배출하는 데 필요한 수분량을 절약할 수 있다. 그러니 반추위나 대장 속에 있는 세균은 수분 절약에 유용하다고도 볼 수 있다. 이러한 경우란 세균 등의 미생물에 대한 에너지 공급이 충분한 때에 한해 해당된다.

증발에 의한 수분 손실

동물이 시원한 곳에서 조용하게 쉬어도 부지불식간에 피부나 호흡기관의 표면에서 수분은 증발한다. 그러나 이 정도의 증발량은 더워서 헐떡거리며 숨을 쉬거나 땀을 흘리면서 체온을 저하시킬 때는 무시할 만한 정도의 양이다.

체온을 저하시키는 수단으로는 헐떡거리는 것과 땀을 흘리는 방법이 있다. 와일드비스트(영양의 일종)나 오릭스, 가젤(Gazelle), 돼지는 헐떡거리나 당나귀, 물소, 낙타 등은 땀을 흘린다. 양이나 염소, 소 등은 두 가지 방법을 다 쓴다.

　그중에서도 양이나 염소는 헐떡거리는 것이 주특기이고 소는 땀을 흘리는 것이 중요하다. 헐떡거리는 방식에는 많은 장점이 있다. 우선, 폐나 호흡기관은 가슴 속에 있으므로 이 방법으로는 신체 내부의 깊은 곳까지 직접 냉각시킨다. 구태여 열을 전도할 필요가 없다. 그러므로 혈액순환 등에 별로 영향을 받지 않는다.

　다음은 어느 정도 헐떡이는가에 따라 어느 정도의 방열을 하는가의 효과가 달라진다. 땀과 달리 바람 같은 외적 요인에 의존하지 않고 동물이 스

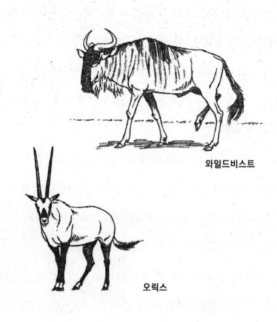

와일드비스트

오릭스

〈그림 3-3〉 와일드비스트와 오릭스

스로 방열 효과를 조절할 수 있다. 또 땀과는 달리 아무리 헐떡거려도 염분을 상실하지 않는다.

그렇지만 덥다고 지나치게 헐떡거리면 산소와 이산화탄소의 지나친 교환 효과로 혈액 중의 이산화탄소가 부족해지고 혈액이 지나치게 알칼리화해 심한 경우에는 실신한다. 또 한 가지의 결점은 헐떡거리기 위해서는 호흡근을 작동시키므로 그 결과 열이 난다.

땀 흘리는 방식은 체표면만 냉각시킨다. 그러므로 체내 깊은 곳의 열은 혈액 등으로 체표면까지 운반해야 한다. 또한 털이 나 있으면 복사나 전도에 의한 방열 효율이 나빠진다. 그러니 '짐승'인 포유동물은 어려움이 있다. 더욱이 외기의 습도가 몹시 높으면 땀은 증발하지 않고 기화열로 인해 몸체를 냉각시킬 수 없고 액체 상태인 채로 헛되게 몸체에서 흐른다.

그렇지만 이 방식은 땀을 만들어 내는 과정에서는 열을 발산하지 않는다는 큰 장점이 있다. 또한 염분을 충분하게 섭취한 경우에는 땀을 흘리면 동시에 염분을 배출하게 되므로 그 분량만큼 오줌에서 수분 손실을 절약할 수 있다는 이점이 있다.

이 방법과 비슷하지만 더욱 빈틈없는 것은 체내의 수분을 소모하지 않는 방법이다. 하마나 코끼리, 물소 등은 미역감기나 진흙탕 놀이를 한다. 그 뒤에 물이나 흙탕에서 나오면 수분이 증발하므로 기화열의 분량만큼 열을 발산할 수 있다.

좀 더 소심하고 구두쇠 같은 방법은 낙타나 사슴 무리의 경우처럼 자신의 뒷다리에 오줌(어차피 버리는 물이므로)을 누고 그 기화열을 이용한다.

〈그림 3-4〉 미역감기나 진흙탕 놀이를 좋아하는 동물들

이 무리는 다리가 길어 냉각 면적이 크고 피하지방이 적으니 혈액으로 운반된 열이 전달되기 쉽다는 점에서도 편리하다.

사막의 가축은 나뭇잎도 먹는다!?

아프리카의 여러 곳에는 우기와 건기가 있다. 우기에는 식물이 성장하고 개화하고 열매를 맺는다. 건기에는 식물의 성장은 멈추고 말라 죽는 것이 많다. 그러므로 우기와 건기는 먹이를 구하는 어려움의 정도가 전혀 다르다. 우기에는 식물이 왕성하게 자라므로 풀이나 나뭇잎은 연하고 당분이나 단백질 함량도 풍부하다. 또한 풀이나 나뭇잎은 양도 많다. 우기에는 열매를 맺는 식물도 많다. 열매에는 당분이나 지방분이 많으므로 이것도 양질의 먹이이다.

한편, 건기에는 식물이 자라지 않는다. 따라서 건초처럼 딱딱하고 섬유질만 있는 것이 남아 있다. 더욱이 건기에는 동물이 이런 식물을 먹어 치우면 새로운 풀이나 잎은 돋아나지 않는다.

온대에서도 야초지에 서식하는 야생의 유제류(有蹄類)나 가축은 번식, 성장, 식욕이 계절에 따라 왕성하거나 감퇴한다. 이는 낮의 길이에 의해 조절되는데 그 결과 먹이가 많은 시기인 여름에 동물은 번식하고 성장한다. 열대에서 낮의 길이는 1년간 별로 변화가 없으므로 성장, 번식 등의 계절성도 없다. 실제로 아프리카의 가축은 뚜렷한 번식 계절이란 것이 없다.

같은 식물식동물이라도 딕딕이나 구도와 같이 특정한 식물의 특정한 부분만 먹는 동물이 있다. 그들은 여러 가지 식물이 주변에 있는 경우라도

<그림 3-5> 딕딕과 구도

우기에는 낙엽수의 잎을 먹고 건기에는 상록수의 잎을 먹는다. 낙타나 염소도 풀보다는 잎을 먹는 유형의 식물식동물인데 관목 등의 잎이 있을 때는 잎을 먹으나 없으면 태연하게 풀을 먹는다. 이와 같이 같은 식물식이라고 해도 여러 가지 동물이 있다.

케냐 북부에서의 관찰에 의하면 나무나 관목의 잎은 양 먹이의 33%, 염소에서는 52%, 낙타에서는 77%를 차지한다. 이러한 사실은 식물식동물이라도 풀만 먹지 않는다는 것을 나타낸다.

서식역 분할은 먹이의 높이로

필자가 두 번째로 독일에서 연구할 때 같은 연구실에 있던 르완다 출신인 루타구엔다 박사는 케임브리지 대학에서 박사 학위를 취득한 얌전한 수의사이다. 그의 연구로 인해 같은 장소에서 서식하는 동물도 동물에 따라 어느 정도 높이의 식물을 먹는가는 다양하다는 사실이 밝혀졌다. 루타구엔다 박사는 케냐의 현장에서 여러 가지 초식동물이 먹이를 먹을 때의 행동을 꾸준히 관찰했다. 채식 방법과 소화관 내에서 먹이의 체류 시간의 관계를 조사하기 위해서다.

루타구엔다 박사의 관찰에 의하면 소와 양은 주로 지상에 자라는 풀과 지상에서 높이 1m 이내의 나뭇잎을 먹는다. 또한 한정된 종만 먹으며 소는 30종 정도에 불과하다. 더욱이 이 30종 정도의 식물도 건기에는 양적으로나 질적으로나 크게 부족해진다.

그러나 건기에는 반추위의 용적이 소는 57%, 양은 75%나 증대하므로 질이 나쁜 먹이라도 많이 먹고 장시간 위 속에 채워두고(소는 27%, 양은 46%나 길어진다), 그동안에 위 속의 미생물이 충분하게 소화하도록 하고 있다.

염소와 낙타는 다른 전략을 쓴다. 그들은 지상에서 높이 1m 이상의 식물을 주로 먹으나 60종 이상의 식물을 먹이로 한다. 풀은 건기에 마르나 그중에는 상록수같이 건기 동안에도 잎이 마르지 않고 녹색을 유지하는 것도 있다. 따라서 이런 것을 먹으면 건기라도 염소나 낙타의 먹이는 별로 질이 떨어지지 않는다. 그 때문인지 염소나 낙타의 반추위는 건기에 이르러도 소나 양 정도로 커지지 않고(염소는 41%, 낙타는 35%), 소화관의 체류 시간도 별로 길지 않다(염소는 22%, 낙타는 18%).

이러한 먹이의 높이에 따른 서식역 분할을 기초로 해서 루타구엔다 박사와 하노버 수의대학의 레히너 돌 박사는 아프리카 건조 지역에서 가축의 새로운 사육 체계를 공동으로 제안하고 있다.

요지는 소와 같이 지면에 가까운 식물을 먹는 가축과 염소나 낙타와 같이 높은 곳의 식물을 먹는 가축을 조합해 사육하는 편이 특정한 식물이 먹혀 없어지는 것을 막을 수 있고, 또한 한정된 식물 생산을 보다 유효하게 이용할 수 있다는 것이다. 단, 가축 밀도를 지나치게 높이지 않는다는 전제 조건 하에서이다.

그런데 이 연구와 같이 야외에서 이른바 현장에서 연구하는 사람들은 하노버로 돌아가면 세포 수준이나 분자 수준에서의 생리학을 연구하는 사람들이다.

이를테면 루타구엔다 박사나 레히너 돌 박사는 여러 가지 초식동물의 소화관 내에서의 통과 속도를 해석한다. 이 영역의 연구는 크게 발전해 먹이 알갱이의 통과 속도를 측정하는 데는 '방사화 분석'이라는 새로운 화학 분석 방법을 사용하고 결과의 해석에는 수학 모델을 사용한다.

이러한 일을 하는 사람들이 낙타를 하루 종일 쫓아다니면서 언제 어디에서 무엇을 얼마나 먹었는가 하는 것 등을 조사한다. 물론 야외의 실험이니 실험실의 방법을 그대로 적용할 수는 없다. 그러나 야외 실험에도 실험실 내에서의 연구기술이 바로 응용되고 있다.

예를 들면 하노버 수의대학 연구팀은 방목하던 낙타의 위 속에서 먹이가 미생물에 의해 분해되는 속도를 측정했다. 반추동물과 마찬가지로 셀룰로오스 등에서 짧은사슬지방산이 생성되므로 이 생성 속도를 측정하는 데 짧은사슬지방산의 안전 동위원소를 주입하는 최신 연구 방법을 적용했다. 일본에서는 실험실에서조차 아직 정착되어 있지 않을 정도의 새로운 방법이다.

또 한 가지 흥미로운 것은 이처럼 야외에서 일을 하는 사람들은 연구 환경이나 기구가 다 갖추어지지 않아도 쉽게 우는소리를 하지 않는다. 실제로 야외 조사를 해보면 일본이라고 할지라도 전기나 깨끗한 물이 없는 것이 통례이다. 그러한 조건에서도 실험을 할 수 있는지 어쩐지는 연구자의 상상력에 대한 도전이다.

이 이야기는 앞서 말한 레히너 돌 박사가 수단의 시골에서 낙타 연구를 할 때의 일이다. 그는 여러 번 수단이나 케냐의 공동 연구에 참가한 적도 있어 아랍어도 자유자재이다. 이런 레히너 돌 박사가 낙타의 체중을 재려고 생각했다.

수백kg이나 되는 낙타의 체중을 잴만한 체중계가 없었다. 그 정도의 일로는 체념하지 않아야 일류 실험가이다. 그는 근처의 창고에서 철근과 시멘트를 얻었다. 그것을 재료로 해서 철근 콘크리트의 큰 판을 만들었다. 그 한쪽 끝을 건물 바닥에 고정하고 반대쪽에 낙타를 올려놓았다.

아무리 철근 콘크리트라도 낙타의 체중으로 인해 휘어진다. 어느 정도 휘어졌는가를 자로 재고 다음은 낙타 때와 같이 콘크리트가 휘어질 때까지 낙타가 있던 자리에 물을 얹었다. 물의 양은 언제나 사용하던 음료수용의 플라스틱 탱크로 측정했다. 물의 비중은 거의 1이므로 1ℓ 당 1kg으로 낙타의 체중을 측정했다. 물론 이 방법은 오차가 크지만, 전혀 측정하지 않은 것보다는 낫다.

한발에 강한 동물은?

한발이 일어났을 때 가장 잘 견디는 것은 염소나 낙타같이 높은 곳의 잎을 먹는 반추동물이나 얼룩말, 당나귀이다. 그 까닭은 이러한 동물은 건초 같은 거칠고 딱딱한 소화하기 어려운 먹이를 먹었을 경우에도 소화관 내에서의 체류 시간이 짧으므로 소화하기 쉬운 부분만을 소화하고 질이 좋지 않은 부분은 거침없이 배출해 그 분량만큼 많이 먹을 수 있기 때문이다.

그러나 한발이 계속되면 초식동물은 먹을 수 있는 식물을 모두 먹어 치우므로 그 이전에 가축의 수를 줄이지 않는 한 식생은 치명적인 타격을 받게 된다. 사실상 초식동물의 수가 그 지역의 식물 생산력을 조금이라도 능가하면 그 지역의 생태계에 미치는 피해는 크다. 그런 뜻으로는 초식동물은 위험한 동물이다.

소는 한발에 견디기 어렵다

생물학적으로 보면 비록 건조 지대에 적응한 혹소일지라도 소는 한발에는 약하다. 물을 적절히 절약하는 방법을 갖고 있지 않으며 탈수에 저항하는 메커니즘도 없기 때문이다.

필자는 대장의 연구를 하고 있으므로 여러 가지 동물의 똥에도 흥미가 있다. 여러 가지 반추동물의 똥에 대해 생각해 보면 소똥만 부드럽고 수분이 많다. 다른 반추동물, 즉 양이나 염소, 사슴이나 영양, 톰슨가젤이나 기린 등은 구형에서 긴 구형의 모양이 일정한 둥글둥글한 똥을 배설하는데 소만 다르다. 필자는 혹시 가축소만 그런 건가 싶어 베를린의 동물원에 갔을 때 반텐 같은 동남아시아계의 소나 물소의 똥을 살펴보았으나 역시 소형의 부드러운 똥이었다. 또한 미국 들소나 유럽 들소의 똥도 부드러운 똥이었다.

그러니 소 종류는 수분이 많은 똥을 눈다고 봐도 좋을 것이다. 이것을 다른 측면에서 생각해 보면 수분이 똥 속에 낭비되었다고도 할 수 있다. 소 종류는 물을 절약하는 방법이 서투른 것이다.

소가 먹이를 먹는 방법도 한발 때는 가장 질이 좋은 먹이인 나뭇가지나 관목의 잎을 먹는 데도 적합하지 않다. 소가 먹이를 먹을 때 머리가 밑으로 처져 있고 나무에 오르거나 앞다리를 나무에 걸쳐놓고 높은 데에 있는 잎을 먹지도 않으니 말이다. 또한 소는 수분이 많은 똥을 누는 것으로도 알 수 있듯이 물을 아끼는 수단이 서투르다. 그러다 보니 자주 물이 있는 장소로 되돌아갈 필요가 있다. 그러니 그들의 채식 범위는 좁다.

따라서 소를 기르는 지대에 한발이 닥치면 물이 있는 장소에서 떨어진 곳에는 먹이가 남아 있으나 물 근처에 있는 먹이는 소가 전부 먹어 치우므로 식생은 완전히 파괴된다. 그 때문에 한발 때 소는 다른 초식동물에 비해 영양 상태가 훨씬 나빠져서 질병에 걸리기 쉽고 죽기 쉽다.

그러나 돼지고기를 먹지 않는다는 이슬람교도들에 의해 사육된 반추

〈그림 3-6〉 혹소

동물 중심의 식문화면에서나 대형동물일수록 에너지 효과가 좋다는 경제적 이유에서 아프리카에서는 계속 소가 중요한 가축으로 자리 잡을 것이다. 적절한 방법은 없을까?

가장 현실적인 방법은 소의 채식 행동 범위를 염두에 두고 물구덩이를 파는 일이다. 그럼으로써 넓은 범위에 걸쳐 식물을 유효하게 이용할 수 있다. 또한 풀이 잘 자라지 않을 때는 사육 밀도가 과다해지지 않도록 하는 것도 중요하다. 한발이 닥치면 농민들이 식물의 공급량 이상으로 가축을 보유하므로 주변 일대의 식물을 모두 가축이 먹어치워 식생이 회복 불가능하게 되지 않도록 농민들의 가축(생체든 고기든)에 대해 정부는 부조금을 출연해 가축을 팔기 쉽도록 한다. 즉 한발 지역의 가축수를 줄이는 것이 가장 중요하다.

4장

___

두더지는 왜
땅속에서 사는가?

추억의 골든햄스터

사막을 촬영한 텔레비전을 보아도 작은 포유동물이 나타나는 장면은 별로 없다. 사막에는 소형 포유동물이 없는 것일까?

사실 그렇지도 않다. 캥거루쥐 같은 귀여운 동물도 있고, '시리안햄스터'라는 동물도 있다. 시리안햄스터는 골든햄스터라고도 불리며 제법 인기 있는 애완동물이다.

실은 필자의 졸업 논문은 골든햄스터의 밥통의 성장에 관한 것이었다. 그러한 인연으로 그 이후에는 이 동물에 대해 연구한 적도 개인적으로 길러본 적도 없으나 유달리 마음이 끌린다.

여하튼 졸업 논문을 쓸 당시에는 연 400마리 정도를 길렀는데, 지도교수인 다마테 히데오 선생님으로부터 "사카타 군 정말로 햄스터에 대해 알려고 한다면 햄스터 샌드위치(?)는 먹어봐야 되는 것 아닌가?"라는 말을 들을 정도였다.

시리안햄스터란 소형의 설치류(齧齒類: 쥐, 다람쥐, 모르모트 등의 종류)로서 원래는 중근동의 사막에서 서식하는 동물이다. 그것이 실험동물로 도입되고 애완동물로도 인기를 얻었다.

이 동물도 사막에 잘 적응하고 있다. 예를 들면 대단히 고농도의 오줌을 눈다. 지나치게 농도가 높아 방광 내에 염분이 침전할 정도인데 그것이 정상이다. 그러니 시리안햄스터의 오줌은 신장병이 아닌데도 탁하다. 오줌의 농도가 높으면 그 분량만큼 물을 소비하지 않으니 사막에서 살기에는 안성맞춤이다.

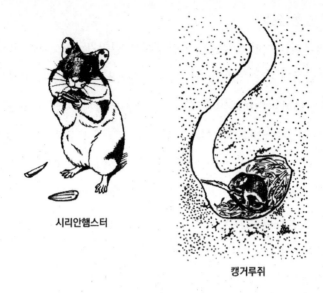

시리안햄스터

캥거루쥐

〈그림 4-1〉 사막의 소형동물은 구멍 속에 산다

유명 동물 캥거루쥐

이와 같이 신장에서 농도가 짙은 오줌이 생기는 동물은 고염분의 물을 먹을 수 있다. 고래가 바닷물을 마시는 것도 이러한 기능이 있기 때문인데, 육상에서 사는 동물 중에도 바닷물을 먹어도 아무렇지 않은 포유동물이 있다.

바로 '캥거루쥐' 무리이다. 캥거루쥐는 이름 그대로 쥐가 속하는 설치류의 무리로서 미국 캘리포니아 주나 네바다 주의 건조한 사막에 서식한다. 슈미트닐센을 중심으로 한 미국의 연구자들은 정력적으로 이 동물을 연구했다. 캥거루쥐는 수분이나 염분 대사에 대해서는 매우 잘 연구된 이른바 유명 동물이다.

캥거루쥐는 어떤 동물인가 하면 동체의 길이가 10~20㎝이고 동체와 비슷한 길이의 긴 꼬리가 있다. 체중은 35~180g 정도이다. 어째서 캥거루쥐라고 불리는가 하면 우리의 자랑인 캥거루 박사, 이얀 흄이 숏할 때처럼 뒷다리만으로 껑충껑충 걷기 때문이다.

그들은 살고 있는 곳과 환경으로 인해 식물의 씨 같은 마른 것만 먹고 물기 있는 먹이는 거의 먹지 않는다. 실험실에서 기를 때도 보리 같은 곡물만 주고 전혀 물을 주지 않아도 기를 수 있다. 보통의 실험동물을 사육할 때는 물그릇을 수시로 바꾸고 씻고 새로운 물을 주어야 하는데 캥거루쥐는 필자 같은 게으름쟁이에게는 적합한 동물이다.

이처럼 물을 먹지 않아도 아무렇지도 않은 캥거루쥐지만 몸체는 유달리 건조하지도 않고 다른 포유동물과 같은 정도로, 즉 66% 정도의 수분을 함유한다. 그래도 아무렇지도 않다는 것은 수분이 몸에서 거의 배출되지 않기 때문이다. 즉 먹이로 들어오는 근소한 수분(건조한 보리라도 10% 정도는 수분을 함유한다)에 걸맞는 양의 수분밖에 배출하지 않는다.

캥거루쥐는 물이 나가지 않도록 여러 가지 기능을 갖춘다. 예를 들면 이 동물은 한선(汗腺)이 없으므로 땀을 흘리지 않는다. 또한 더운 대낮에는 땅속에 있고 시원한 밤에만 먹이를 찾으므로 체온을 낮추기 위해 수분을 소모하는 일도 없다.

그러나 폐 표면이 건조하면 숨을 쉴 때 서로 붙어 버리니 캥거루쥐라 할지라도 폐 표면은 언제나 습하다. 그러므로 숨을 쉬면 폐 표면의 수분이 증발한다. 이 폐 표면에서 발산하는 수분이 가장 큰 수분 출구이며 캥거루쥐가 소모하는 수분의 약 4분의 3이다.

똥에서도 수분은 배출되나 수분 함량이 너무나 낮으므로 똥에서 배출하는 수분은 캥거루쥐가 소모하는 수분의 5% 정도이다.

캥거루쥐에서 가장 놀라운 것은 신장이다. 사람 오줌의 3배나 되는 농도의 오줌이 생성된다. 캥거루쥐 오줌 속의 염분은 무려 바닷물의 2배나 된다. 따라서 캥거루쥐는 바닷물을 마시고도 살 수 있다.

그렇지만 평소의 먹이를 먹게 되면 캥거루쥐는 물을 전혀 먹지 않으므로 이런 실험을 하려면 방법을 생각해 내야 한다. 어떤 방법을 썼는가 하면 보리 대신에 콩을 먹였다.

콩은 두부 원료가 될 정도이니 다량의 단백질을 함유하고 있다. 단백질은 질소를 함유하므로 콩을 먹으면 캥거루쥐의 체내에서는 다량의 요소가 생성된다. 그러니 요소를 배출하기 위해서는 필요 이상으로 수분을 오줌 속에 배출한다. 그 결과 캥거루쥐도 물을 먹고 싶어 한다.

이럴 때 바닷물만 놓아두면 캥거루쥐는 바닷물도 태연하게 마신다. 사람이라면 앞에서도 말한 대로 바닷물을 마시면 도리어 수분을 상실하지만 캥거루쥐는 전혀 문제가 없다.

캥거루쥐는 사람의 3배나 되는 농도의 오줌 때문에 바닷물을 마셔도 아무렇지도 않지만 사람의 경우는 바닷물을 3배 정도로 희석시켜 마시면 아무렇지도 않다는 계산이 성립된다.

햄스터는 변온동물인가?

시리안햄스터는 낙타같이 체온을 변화시키는 것도 가능하다. 예를 들면 기온이 저하되면 평소는 37℃ 전후인 체온이 20℃ 정도까지 저하된다. 과도하게 저하되면 움직이지 못한다. 이런 상태의 시리안햄스터를 학생들이 보면 차가워져 움직이지 않으니 죽은 줄 알고 처분해 버릴 때도 있다.

햄스터는 몸체가 작으니 별로 열을 보존할 수 없다. 그 대신 체온의 변동폭이 크다. 시리안햄스터를 보면 마치 변온동물 같은데 포유동물의 항온성이란 것도 어지간히 적당한 것이라고 생각될 정도이다.

사막의 구멍은 완전 공기 조절 장치

사막에서 시리안햄스터는 구멍을 파고 그 속에서 산다. 사실상 사막에 서식하는 소형 포유동물 중에는 구멍에 살고 있는 것이 많다.

구멍에 사는 것은 편리하다. 사막도 구멍 속의 온도는 안정하고 낮에는 시원하고 밤에는 따뜻하다. 강적인 육식동물에 잡혀 먹힐 가능성도 적다. 마치 에어컨이 달린 피난처이다.

세계의 여러 지역에 사는 150종 정도의 포유동물이 구멍 속에서 살고 있다. 그러면 구멍 속에서 산다는 것은 어떤 뜻이 있으며 그러기 위해서는 어떤 능력을 발달시킬 필요가 있는가 하는 데 관해 텔아비브 대학 동물학 교실의 아라는 사람의 연구를 기초로 알아보기로 하자.

그렇게 구멍 속이 쾌적하다면 낙타도 양도 딕딕도 구멍 속에서 살면 좋을 텐데 그렇게 하지 못하는 이유가 있다. 그것을 생각하기에 앞서 우선 구멍 속은 어떤 환경인가를 생각해 보자. 더구나 여기서 문제가 되는 '구멍'이란 것은 지면에 판 구멍을 말한다.

구멍 속의 환경이란 어떤 지면에 판 구멍인가에 따라 차이가 있다. 예를 들면 무거운 흙은 가벼운 흙보다 쉽게 무너지지 않고 온도가 안정하지만 먹이를 찾거나 호흡하는 데는 그다지 좋지 않다.

구멍 속에는 산소가 없다

사실, 구멍 속에서 호흡하기는 매우 어렵다. 흙 속에는 세균이나 곰팡이류가 살고 있다. 이런 미생물 중에는 산소를 소비하는 것이 많다. 땅속에 철 등이 섞여 있으면 1회용 회로 속의 철가루가 공기의 산소와 결합해 반응열로 따뜻해지듯이 땅속의 철 성분도 산소와 쉽게 결합한다. 그러므로 지하에는 산소가 적다.

또한 동물이 구멍 속에 있으면 그렇지 않아도 적은 산소를 소모하고 이산화탄소를 배출한다. 그러니 구멍 속에는 산소가 적다. 구멍 속 산소의 유일한 공급원은 지상의 공기인데 지표면에서 땅속으로 배어드는 것 이외에는 어디에서도 산소가 생기지 않는다.

땅은 산소를 통과시키지 않는다

당연한 일이지만 돌이나 바위는 산소를 통과시키지 않는다. 모래나 점토의 입자는 바위나 돌이 잘게 된 것이므로 역시 산소를 통과시키지 않는다. 그렇다면 산소의 통로는 오직 모래나 점토의 입자 사이의 빈틈뿐이다.

따라서 빈틈이 많은 토양은 산소를 잘 통과시키나 미세한 점토 입자가 꽉 차 있거나 하면 산소는 쉽게 통과되지 않는다. 실제로 빈틈이 많은 토양이면 토양 전체 체적의 3분의 2 정도가 빈틈이며 이러한 토양에서는 공중의 3분의 1 정도의 속도로 산소가 통과된다.

이것도 토양이 건조 상태로 있을 경우이며 입자 사이에 물이 들어 있으면 산소의 통과 속도는 급격하게 저하된다. 산소가 물속을 통과하는 속도는 공기 속을 통과하는 속도보다 훨씬 느리기 때문이다. 한편 토양 수분이 많으면 열의 전도성이 좋아진다. 바꾸어 말하면 동물은 열을 빼앗기기 쉽게 된다. 따라서 습한 땅에 판 구멍에 살려면 체온 조절 능력이 확고해야만 한다. 반대로 사막의 모래에 판 건조한 구멍 속은 춥지 않고 살기에 쾌적할 것이다.

구멍 속은 밤에도 따뜻하다

동물이 구멍 속에서 가만히 있으면 동물과 구멍 벽 사이의 공기는 움직이지 않는다. 유리솜이나 오리털 재킷의 경우를 생각하면 알기 쉽다. 공기는 열을 잘 전도하지 않기 때문에 움직이지 않는 공기는 우수한 단열재인 것이다. 그런 뜻에서 몸 주위의 구멍 벽 사이의 공기층은 단열재로서의 기능을 다한다. 이러한 상태에서 모피는 단열재로서는 별로 중요하지 않다. 즉 체표에서 수분 증발이 거의 없으므로 모피가 있으나 없으나 열은 별로 증발하지 않기 때문이다.

그러나 아무리 단열재가 있어도 포유동물은 체온을 유지한다. 다시 말하면 열은 계속 발생하므로 구멍 속에 포유동물이 있으면 그만큼 구멍 속의 온도는 높아진다. 예를 들면 캥거루쥐가 구멍 속에 있으면 구멍 속의 기온은 지표 기온보다 2~3℃ 높아진다.

구멍 속 유명한 동물

구멍 속에서 사는 동물 중에도 유명한 여러 가지 동물이 있다. 우리나라에서는 두더지가 가장 유명하다. 이스라엘 등에 있는 '장님쥐'라는 동물도 연구가 진행되고 있다.

장님쥐는 체중이 100~350g 정도이며 눈은 피부로 덮여 있고 귀도 꼬리도 없다. 아침과 밤, 땅속 온도가 낮을 때 장님쥐는 먹이를 찾아 움직인다. 아침과 밤에는 구멍 속의 온도가 체온 가까이 되고 때로는 체온보다 높게 되는 낮에는 움직이지 않고 가만히 있는다.

일반적으로 구멍 속에 사는 포유동물의 몸은 열전도가 잘 되는데 장님쥐의 몸체도 열전도가 잘 된다. 장님쥐는 먹이를 찾을 때 열광적으로 움직인다. 그러면 다량으로 에너지를 소비하므로 많은 열이 난다. 이 열을 신속하게 발산하지 않으면 장님쥐는 '삶아'진다. 그러니 장님쥐는 열을 재빠르게 발산할 필요가 있는데 방열하기 위해 몸의 열전도가 좋다는 것은 다행스러운 일이다.

햄스터를 비롯해 가만히 있을 때 체온이 낮은 동물도 많이 있는데 이러한 성질은 먹이를 찾아 뛰어다닐 때 필요한 에너지를 일시적으로 비축하기에도 편리하다. 구멍 속에서 쉬고 있을 때는 몸을 둥글게 하거나 많은 동물이 모이거나 해서 몸이 공기에 노출되는 면적을 작게 한다. 구(球)라는 것은 표면적이 가장 작은 형태이다. 장님쥐는 털이 없으므로 이런 방법으로 열 교환의 계면을 줄이는 것은 각별히 유효하다.

우물쭈물 두더지

필자가 도쿄 교외에 있는 연구소에 근무할 때의 일이다. 어느 날 연구소 마당에 두더지가 잘못 들어와 우물쭈물 하고 있었다. 그 당시 필자가 다니던 데는 어느 식품 제조회사의 연구소였다. 그런데 필자는 연구소 일과는 거의 무관한 '동아시아 곰회의'와 같은 학회에 다녀오거나 했으니 필자가 여러 야생동물, 특히 두더지와 같은 식충류의 포유동물에 흥미를 갖으리라고는 동료들도 모르고 있었다.

필자의 본직은 여러 동물의 소화기관의 연구지만 실은 대학원생이었을 때부터 지도 교수인 다마테 선생님과 두더지의 위나 장을 연구하고 싶다는 이야기를 자주했다. 그것을 연구하고 싶은 이유는 두더지나 뒤쥐 같은 식충목의 동물은 지질 시대 포유류의 화석과 비슷한 점이 많고 지질 시대 포유류의 모습이 비교적 원래대로 잘 잔존하지 않았을까 하는 생각 때문이다.

두더지를 발견한 동료는 필자에게 바로 두더지를 갖고 왔다. 전에 두더지를 키워본 적이 있는 친구의 이야기를 들어본 일도 있고 두더지의 연구로 유명한 두루(都留) 문화대학의 이마이즈미 선생님의 책도 읽은 적이 있으므로 한번 키워 보고 싶었다.

결론적으로 말해 두더지는 잘 기르지 못했으나 필자가 강렬한 인상을 받은 것은 두더지의 근육이다. 전에 키워 본 적이 있는 골든햄스터와 연구소 마당에서 잡힌 두더지는 비슷한 크기였으나 두더지의 몸체는 햄스터에 비하면 근육투성이로 통통했다.

구멍을 파기 위한 에너지

그때 필자는 "땅속에서 터널을 파면서 다니자니 힘은 꽤 들겠구나" 정도로 생각했을 뿐이다. 그런데 전문가란 대단한 사람들이다. 실제로, 땅속에서 활동하면 어느 정도의 에너지를 소모하는지 측정한 사람이 있다.

실제로 측정한 내용은 에너지 소비나 열 방출량 자체가 아니라 동물이 어느 정도의 산소를 소모했는가 하는 산소 소비량이다. 영양소나 체성분을 연소시켜 에너지를 생산하는 데는 산소가 필요하므로 산소의 소비량을 측정하면 에너지 소비량을 추정할 수 있다. 에너지의 방출량을 측정한다는 것은 대단히 어려운 일이므로 보통은 산소 소비량과 이산화탄소의 방출량으로부터 에너지 소비를 추측하게 된다.

유럽산 두더지류 중에는 하루의 절반 동안의 시간은 부지런히 움직이는 것도 있다. 대부분은 구멍을 파거나 파 놓은 땅굴 속을 뛰어다닐 뿐이다. 이렇게 제멋대로 하도록 놔두면 움직이지 않을 때의 약 1.5배의 산소를 유럽산 두더지는 소비한다.

브레크라는 사람은 두더지붙이쥐가 구멍을 팔 때의 산소 소비량을 측정했다. 구멍을 파고 있을 때의 산소 소비량은 움직이지 않을 때의

<그림 4-2> 두더지붙이쥐

2.8~7.2배였다.

　그러나 구멍 속의 온도가 낮을 때는 움직이지 않을 때도 체온을 유지하기 위한 에너지 소비가 극심하므로 움직이지 않아도 다량의 산소를 소비한다. 이런 경우에는 구멍을 팔 때일지라도 움직이지 않을 때의 1.5배의 산소만 소비할 뿐이다. 쥐구멍을 파는 데 소비하는 에너지의 양은 구멍속의 온도에 따라 다르다.

구멍을 파고 있으면 춥지 않다

　반대로 말해서 구멍을 파는 데 필요한 에너지 소비는 구멍 속의 온도가 어떻든 대체로 일정하다. 또한 구멍을 팔 때의 에너지 소비에 따라 발산하는 열은 설사 구멍 속이 추워도 체온을 충분히 유지할 수 있을 정도의 열이다.

파기 쉬운 흙

흙의 질이 달라지면 파는 데 필요한 에너지양도 달라진다. 예를 들면 흙 속의 수분이 증가하면 파기 쉽다. 판 흙을 치우는데 필요한 에너지는 어느 정도의 거리를 운반하는가에 비례하며 수분이 많아지면 흙이 무거워지므로 흙의 수분과도 관련이 있다. 수분이 많은 흙은 처리하기 좋으므로 운반할 때 흩어지지 않으니 그만큼 효율적이라고 할 수 있다.

두더지가 대식가라는 것은 사실인가?

구멍을 파거나 체온을 유지하는 데는 에너지가 소요된다. 에너지를 얻기 위해서는 어떻게 하면 되는가? 대답은 간단하다. 먹이를 먹으면 된다.

땅속에서 움직이면서 먹이를 찾기란 지상에서 같은 거리를 움직이는 데 비하면 360~3,400배나 에너지를 소모한다. 그러므로 흙 속의 수분 함량이 조금만 달라도 땅을 파는 것이 쉬워지기도 하고 어려워지기도 하니 구멍 파는 데 필요한 에너지양은 크게 달라지며 그 결과 동물의 하루 에너지 소비가 크게 달라진다.

구멍을 파는 데는 많은 에너지가 필요하다. 그렇다고 구멍 속의 동물이 지상의 동물에 비해 에너지 소비가 유별나게 많은 것은 아니다. 하루에 실제로 땅구멍을 파는 시간은 별로 길지도 않고 땅속에는 먹이도 많으므로 먹이를 찾는 시간도 많지 않기 때문이다. 그러니 땅속에서 서식하는 동물도 몸체의 크기가 같다면 먹는 양은 지상의 동물과 거의 같다.

구체적 숫자로 알아보자. 북미 대륙에 서식하는 두더지의 일종인 식충목의 동물이 터널을 팔 때는 시속 53m이다. 이 동물이 지상을 이동할 때는 시속 600m이므로 땅속에서는 지상의 약 10분의 1의 속도로 이동하는 셈이다.

땅굴을 파는 데 필요한 에너지 소비를 1시간당으로 비교하면 지상을 이동할 때의 1.3배이다(움직이지 않을 때의 2배). 따라서, 이 동물은 땅속에서 1㎝ 이동하는 동안에 지상을 23㎝ 이동했을 때 찾은 것과 같은 정도의 먹이를 먹지 않으면 땅 구멍을 파는 데 소모한 에너지 대가에 걸맞은 에너지는 획득할 수 없게 된다.

구멍을 파는 동물이 작은 까닭

에너지를 절약하려면 구멍의 크기는 몸체가 겨우 통과할 정도가 좋다. 필요 없이 큰 구멍을 파면 구멍을 파는 에너지 대가가 높으니 에너지를 낭비하게 되고, 구멍이 지나치게 작으면 이동할 때 구멍과 몸체의 마찰이 커지고 모퉁이를 돌기도 어렵 다.

몸체와 비슷한 정도의 지름인 구멍은 어떤 뜻이 있을까. 중학생이나 고등학생 때 배운 것을 다시 생각해 보자. 원의 면적은 지름의 제곱에 비례한다. 그러므로 구멍의 단면적도 지름의 제곱에 비례한다. 몸체의 단면적도 몸체 지름의 제곱에 비례한다. 한편, 구멍 속의 동물은 동글동글하며 공 비슷한 모양을 하므로 체중은 대체로 몸체 지름의 세제곱에 비례한다. 따라서 몸체의 단면적, 즉 구멍의 단면적은 체중의 3분의 2제곱에 비례한다.

움직이지 않을 때의 에너지 소비도 체중의 3분의 2제곱에 비례한다고 보면, 몸체의 크기는 달라도 일정한 길이의 터널을 파기 위한 대가와 움직이지 않을 때의 에너지 소비 비율은 일정할 것이다. 따라서 몸체의 크기에 관계없이 터널을 파는 어려움은 같다고 할 수 있다. 그러나 실제로 움직이지 않을 때의 에너지 소비는 체중의 4분의 3제곱에 비례한다. 그러니 몸체가 클수록 터널을 파는 일은 어렵게 된다.

또한 대형의 동물은 지름이 큰 터널을 파야만 한다. 따라서 깊은 곳을 파게 된다. 그렇지 않으면 등이 지상으로 나타난다. 그런데 여기에 문제가 있다. 땅속에는 영양분이 풍부하고 소화하기 쉬운 먹이가 많다. 이를테면 지렁이나 곤충(특히 유충), 여러 가지 식물의 뿌리나 알뿌리 등이다. 이러한 먹이는 얕은 곳에 많다.

지면을 1m 파면 분명히 지렁이 같은 것은 별로 없다. 곤충도 깊숙이 들어가는 것은 힘이 들 것이다. 그래서인지 너무 깊은 곳에는 없다. 식물도 당연한 일이지만 지상에서 뿌리를 내린다. 그러니 지면 가까운 쪽이 뿌리는 굵고 아주 깊은 곳에는 뿌리가 없다.

그러므로 몸체가 큰 동물은 그에 맞춰 깊은 구멍을 파지 않으면 몸체는 지표로 노출되고 지나치게 깊이 파면 먹이가 없다. 따라서 하마나 기린은 땅속을 파고들기에는 적합한 체형이 아니다.

한편 소형동물은 위기에 당면하면 구멍을 파서 도망치는 방법이 육식동물로부터 자신을 보호하는 데는 효과적이다. 또한 소형동물은 대형동물과 같이 열을 보존할 수도 없으므로 구멍 속의 안정된 온도나 습도는 체온 조절이나 물의 절약이라는 측면에서도 유리하다.

그렇지만 대형동물도 갓 태어난 새끼는 작으니 새끼를 구멍 속에 두면 피난처를 겸해서 에어컨이 완비된 '보육기'에 넣어둔 것과 같다. 그러므로 대형동물도 새끼를 기르기 위해 구멍을 파는 경우는 흔히 있다.

구멍 속의 동물은 둥글고 통통하다

장님쥐도 시리언햄스터도 두더지도 발이 짧고 꼬리는 짧거나 없다. 몸 전체는 통통하고 둥글다. 따라서 체표면적은 작다. 대체적으로 체중은 신장의 세제곱에 비례하며 체표면적은 신장의 제곱에 비례한다. 그러니 체표면적은 체중의 3분의 2제곱에 비례한다. 다시 말하면 체중당 체표면적은 몸체가 작아질수록 크다. 구멍 속 동물은 여러 가지 이유로 소형인 데다가 체형이 통통하지만, 이는 구멍 속에서 살기에는 유리한 것이다. 구멍 속에서 움직이자면 기린같이 발이나 목이 길면 거추장스럽고 불편할 것이 틀림없기 때문이다.

구멍 속은 산소가 부족하다

앞에서도 말했지만 지표에서 스며 나오는 산소는 땅속의 금속이나 미생물에게 빼앗기므로 구멍 속은 산소가 부족해지기 쉽다. 구멍 속에서 사는 동물은 이러한 저산소, 고이산화탄소 같은 조건에서도 살 수 있다. 예를 들면 굴속에서 사는 두더지붙이쥐는 이러한 저산소에 적응해 있다. 두더지붙이쥐는 고지에 순화된 동물처럼 산소 분압이 낮아져도 신체 활동이 저하되지 않도록 적응해 있다.

〈그림 4-3〉 프레리도그

두더지는 구멍 속을 통풍도 시킨다

그렇다면 구멍 속의 통풍은 어떨까? 두더지의 경우를 예로 보면 간선(幹線) 같은 터널은 제법 통풍이 잘되지만, 지선에서의 통풍은 별로 좋지 않고, 특히 둥지가 있는 막다른 부분은 공기 유통이 전혀 이루어지지 않는다.

지상에서 풍속이 변하면 두더지 터널 속에서의 통풍도 변한다. 터널 속의 풍속은 지상 2m 풍속의 3%에 불과하다. 예를 들면 지상에서 풍속 40m의 바람이 불어도 터널 속은 풍속 1~2m의 미풍에 불과하다.

지상에 바람이 불지 않는데 터널 속에서 빠른 공기의 대류가 있는 경우가 있다. 두더지가 지하철의 전차처럼 터널 속을 빠른 속도로 달렸기 때문이다. 프레리도그는 북아메리카에 서식하는 체장 30㎝ 정도의 동물인데 그들이 살고 있는 구멍 입구에는 분화구같이 흙이 솟구쳐 있다. 이 부분에 바람이 불면 솟구쳐 있는 부분에서 공기압력이 낮아지므로 구멍 속의 공기를 빨아낸다. 이것이 프레리도그식 환기법이다.

이산화탄소의 농도

지상의 기압 변동에 의존하는 환기는 예측할 수 없고, '동물 피스톤'에 의한 환기도 동물이 움직이지 않을 때는 작용하지 않는다. 그러므로 동물이 쉴 때는 토양이나 구멍 입구에서의 확산에 의존해야 한다.

산소는 이산화탄소보다 확산하기 쉬우므로 구멍 속에는 산소가 들어오기 쉽다. 한편, 이산화탄소는 확산하기 어려우므로 구멍 입구에서 밖으로 빠져나가기 어렵다. 그러므로 구멍 속은 이산화탄소가 차기 쉬울 것처럼 보인다. 그렇지만 이산화탄소는 땅속에 스며 있는 수분에 용해되기 쉬우므로 땅속에는 이산화탄소가 다량으로 고이지 않는다. 실제로 땅속의 기체를 분석해 보면 산소 분압은 비교적 안정하나 이산화탄소의 분압은 꽤 변동이 심하다. 따라서 구멍 속에서 살고 있는 동물의 호흡 조절은 산소 분압을 기준으로 한다.

환기가 좋지 않은 구멍 속에서는 동물의 호흡에 의해 주위의 산소가 감소하고 이산화탄소가 증가한다. 그러므로 구멍 속의 환경을 좋게 하려면 구멍의 설계가 잘 되어 있어야 한다. 예를 들면 구멍의 막다른 데에 있는 둥지 부분의 산소 농도에는 토양의 통기성이나 둥지의 모양이나 크기, 토양의 습도, 동물의 산소 소비 속도 등이 영향을 미친다. 터널의 치수나 둥지의 깊이는 거의 영향을 미치지 않는다.

지표에 입구가 있는 터널도 동물 체장의 3배 이상의 깊이에서는 환기가 이루어지지 않으므로 실제로는 입구가 열려 있거나 막혀 있어도 환기에는 별로 관계가 없다.

터널의 맨 앞쪽의 공기가 최악

지하는 보통 상태에서는 산소 분압이 낮고 이산화탄소의 분압은 변동이 심하나 평균적으로는 높은 편이다. 좁은 터널 맨 앞쪽의 흙을 팔 때가 빈틈이 가장 작고, 공기 확산은 잘되지 않으며, 동물은 파는 데 열중하니 많은 산소를 소비하고 많은 이산화탄소를 배출한다. 따라서 이러한 상황은 가장 산소가 적고 이산화탄소가 많은 상황이다.

호흡기계의 적응

저산소에 대한 적응은 공기의 흡수구인 코에서부터 세포 속에서 산소를 실제로 사용하는 장소인 미토콘트리아에 이르기까지 여러 단계에서 이루어지고 있다. 여러 가지 기능이 모두 이와 같은 상황에 적합하도록 변해 있다.

구멍 속에 사는 동물은 주변의 이산화탄소의 농도가 높아져도 호흡수는 크게 달라지지 않는다. 그 이유는 호흡을 왕성하게 한다 해도 필경 구멍 속 공기의 이산화탄소 농도가 높으니 혈액 속 이산화탄소의 농도는 별반 감소되지 않기 때문이다. 그러므로 헐떡이면서 불필요하게 에너지를 소모하는 일이 없도록 해야 한다.

구멍 속에 사는 동물이 움직이지 않을 때의 맥박은 다른 동물보다 적고, 장님쥐는 심장의 고동이 불규칙적이다. 즉 부정맥은 흔히 있다. 그런데 이런 동물을 산소가 부족한 곳에 두면 즉시 맥박이 빨라진다. 그러나 얼마 뒤에 보통 때로 다시 되돌아간다.

사실, 단련된 운동선수의 심장도 이 경우와 비슷하다. 평소의 맥박은 1분간 40회 정도이나 일단 운동을 하면 한꺼번에 150 정도까지 맥박이 상승한다. 마치 가속 능력이 뛰어난 스포츠카(경주용 자동차) 같다. 이런 사람의 심장은 크게 발달해 있어 심장이 한 번 박동할 때 발송하는 혈액량이 많으므로 평소는 심장이 여러 번 박동하지 않더라도 충분한 양의 혈액을 송출한다.

같은 이치에서 생각하면 구멍 속에 사는 동물의 심장도 한 번의 박동으로 송출하는 혈액량이 많을지도 모른다. 그러나 구멍 속에 사는 동물의 심장이 한 번 박동하는 데 어느 정도의 혈액을 송출하는지는 아직 잘 모른다. 그러나 구멍 속에 사는 동물은 폐의 환기 능력이 특별하게 높지 않다. 그러므로 혈액으로 산소나 이산화탄소를 운반하는 능력이 높지 않으면 심장의 방출량이 많다 해도 별 뜻이 없다.

실제로 구멍 속에 사는 동물은 헤모글로빈과 산소의 결합 능력이 높다. 그러니 폐 속 공기의 산소 농도가 낮을 때에도 혈액은 공기로부터 산소를 흡수할 수 있다. 즉 주변 공기의 산소 농도가 낮아도 동물은 혈액에 산소를 흡수할 수 있다는 뜻이다.

그렇지만 조직세포로서는 매우 고역스러운 일로서 조직 내의 산소 농도가 상당히 낮지 않으면 헤모글로빈에서 산소는 유리할 수 없다. 헤모글로빈은 이산화탄소의 농도가 높아지면 산소를 유리하는데 구멍 속 동물의 헤모글로빈은 이산화탄소의 농도가 약간 높아지기만 해도 산소가 유리되는 것 같다.

흔히 체온이 낮거나 기초대사량이 낮다는 것은 저산소나 식량 부족에 대한 적응으로 해석한다. 구멍 속에 살고 있는 동물은 체온이 낮은 것도 있으나 전부가 낮은 것은 아니다. 더 좋은 방법은 동면이다. 다만 구멍 속에 들어가지 않고 동면한다면 육식동물에게 잡아먹힐 뿐이다.

5장

|

*

장수거북이 원자력 잠수함보다
더 깊이 잠수할 수 있는 까닭은?

원자력 잠수함보다 깊이 잠수하는 거북

바다에 사는 거북 중에는 원자력 잠수함보다도 깊이 잠수하는 것이 있다. 장수거북은 무려 수면 아래 1,200m까지 잠수한다. 이것은 파충류나 조류, 포유류처럼 공기 호흡하는 생물 중에서는 고래의 1,140m와 비교되는 기록이다. 이 거북은 깊이 잠수할 뿐 아니라, 놀랍게도 150일이나 잠수한다. 거의 5개월이다. 어떻게 이토록 오랫동안 잠수할 수 있을까?

최근의 연구에 의하면 그 이유 중 하나가 산소 공급이 부족할 때는 대사 속도가 평소의 30% 정도까지 저하되기 때문이라고 한다. 그렇다면 산소 사용 속도는 적어도 평소의 30% 정도까지 저하되므로 숨이 가빠질 때까지의 시간이 길어진다.

또 하나의 기능은 에너지원의 문제이다. 평소 장수거북은 지방을 에너지원으로 한다. 지방을 대사하려면 산소가 필요하다. 그러나 잠수했을 때와 같이 체내 산소량이 적어지면 장수거북은 글리코겐을 에너지원으로 대체한다. 더욱이 산소의 소비 없이 글리코겐을 분해한다. 다행스럽게도 이 거북의 심장이나 간장에는 글리코겐이 충분하다.

사람은 산소 없이 살 수 있는가

실은 우리들도 산소 없이 글리코겐을 에너지원으로 사용할 때가 있다. 그것은 단거리 경주 때처럼 산소 공급이 에너지 소비량에 못 미칠 경우이다.

그러나 분명히 50m 정도를 전력 질주해 보면 알 수 있듯이 달린 다음

〈그림 5-1〉 장수거북

에는 숨이 차고 근육도 피곤하다. 실은 달리는 동안보다 달리고 난 다음에 숨이 차다. 그 까닭은 무엇인가.

만일 달리고 난 다음에 숨이 차지 않다면 우리들도 오랫동안 잠수할 수 있다. 산소 없이 글리코겐을 소모하면 '젖산'이란 물질이 생겨 근육을 비롯해 체내에 쌓인다. 젖산이란 요구르트 신맛의 정체이다. 그런데 젖'산'이라고 할 정도로 이것이 혈액 속에 쌓이면 혈액이 산화해 숨이 차서 괴롭고 근육은 피로를 느끼거나 쥐가 난다.

그러나 장수거북은 몸체가 크므로 원래 체중당의 에너지 소비량이 적고 변온동물이므로 체온 조절에 소비하는 에너지는 포유동물에 비하면 겨우 절반뿐이다. 그러니 같은 시간 잠수해도 사람에 비해 글리코겐을 소모하는 속도는 훨씬 느리다. 따라서 젖산이 쌓이는 속도도 훨씬 느리다. 또한 장수거북은 젖산이 혈액 속에 쌓이므로 그 농도가 사람의 100배 가까이 되어도 태연하게 살 수 있다. 이러한 기능이 있으므로 장수거북은 장기간 잠수할 수 있는 것이다.

장기간 잠수할 수 있다는 것은 깊이 잠수하는 도중에 숨이 차거나 괴롭지 않다는 뜻이기도 하므로 깊이 잠수하기에도 적합하다.

장수거북의 피는 뜨겁다

장수거북 중에는 굉장히 큰 거북도 있다. 예를 들면 체중이 900㎏이 되는 것도 있다. 젖소인 홀스타인이 600㎏, 최근의 육우가 700㎏, 경주말인 서러브레드가 450㎏이 될까 말까 할 정도이니 굉장한 무게이다. 그러니 이런 장수거북은 대형 악어와 함께 현생하는 파충류 중에서 가장 대형에 속한다고 볼 수 있다.

이 거북은 열대에서 북극권에 이르는 바닷속에 살고 있으며 찬물 (7.5℃) 속에서도 체온을 25℃ 정도로 유지한다. '거북은 파충류이고, 파충류는 변온동물인데 체온을 일정하게 유지한다니 도대체 무슨 소리인가?'라고 말하는 독자도 있을 것이다.

실은 이제까지 여러 번 언급했지만 '포유동물은 체온을 일정하게 유지한다'든가 '파충류는 변온동물이다' 하는 것은 법률같이 엄밀한 얘기가 아니다. 포유동물 중에도 체온을 변화시켜 극한적인 환경에 적응하는 동물이 많다. 마찬가지로 파충류인 공룡도 항온성이었다는 설이 있는데 장수

160

거북의 체온 조절을 연구하면 공룡의 체온 조절도 알 수 있을지도 모른다.

파듀 대학의 파라디노와 드렉셀 대학의 오코노와 스포틸라는 장수거북의 대사 속도를 측정했다. 그 결과, 장수거북의 대사 속도는 포유류보다 낮지만 일반적인 파충류보다는 높다는 것을 발견했다. 이러한 사실은 장수거북은 일반적인 파충류보다 뛰어난 체온 유지 기능을 가지고 있다는 것을 가리킨다.

사실상 수백 킬로그램이나 되는 거대한 몸체가 바로 장수거북의 뛰어난 체온 유지 기구의 가장 중요한 요소라고 파라디노 등은 여긴다. 공룡도 10t을 넘는 대형 종이 많았을 정도로 대형 파충류였다. 그러니 공룡도 장수거북처럼 뛰어난 체온 유지 기능이 있었는지도 모른다. 그러면 파라디노 등은 장수거북의 체온 유지 능력을 어떻게 측정했을까.

우선 그들은 코스타리카 해안에 산란차 온 장수거북을 잡아서 대사 속도를 측정했다. 대사란 체내에 섭취한 영양분 등을 산소의 소모로 여러 가지 물질로 변화시키는 일이다. 한마디로 말해 영양소를 연소시키는 일이라고 생각해도 무방한데 이때 열이 생긴다. 따라서 대사 속도는 체온의 생산 속도라고 봐도 좋다.

그런데 영양소의 대사란 수십 단계나 되는 다양한 화학 반응이 집적한 것이므로 각각의 반응 속도를 측정한다는 것은 거의 불가능하다. 그러므로 실제로는 산소를 어느 정도 소모해 이산화탄소를 어느 정도 배출했는가를 측정한다. 이 두 가지를 측정하면 어느 정도의 열(에너지)이 생산되었는가를 계산할 수 있다. 열의 생산 속도를 측정하는 것보다 산소나 이산화탄소의 양을 측정하는 것이 훨씬 편하기도 하다.

우선 체중 측정이 기본

제일 먼저 파라디노 등이 한 일은 체중을 측정하는 일이었다. 있는 그대로의 동물을 다루는 연구에서는 체중을 측정하는 것은 대단히 중요한 일이다. 그 이유는 어느 정도 산소를 소비했는가 하는 것이라도 10㎏의 동물이 10ℓ의 산소를 소비하는 것과 100㎏의 동물이 10ℓ의 산소를 소비하는 것과는 전혀 차원이 다르기 때문이다. 또한 체중당 산소 소비량은 몸체가 큰 동물과 작은 동물에 있어서 크게 다르다. 그러므로 이런 연구를 할 경우는 우선 체중을 측정한다.

이렇게 체중 측정을 강조해서 말하는 데는 나름대로의 까닭이 있다. 실은 필자가 석사 과정의 졸업 연구를 할 때의 일이다. 필자는 양 밥통의 점막세포의 증식을 연구하고 있었다. 아무튼 고집 센 대학원생이었는데 언어만으로 신체 구조를 기술하는 형태학이 불만스러워 세포의 증식 활성을 숫자로 나타내면서 만족해하고 있었다.

졸업 논문도 궤도에 오른 석사 과정 2년 차 여름에 연구의 중간 심사가 있었다. 그때 연구를 도와주던 마쓰모토 선생님이 "그런데 사카다 군, 자네는 양의 체중을 달아 보았는가"하고 미소 지으면서 물었다.

등에서 식은땀이 흐르는 것 같은 느낌이었다. 측정하지 않았던 것이다. 그 당시에는 자기 연구가 현대적이고 멋진 것이라고 여기므로 체중을 달아보는 것 같은 촌티 나는 일은 생각도 하지 않았다. 양은 물지도 않고 뿔도 없으니 체중을 측정하는 일은 쉬운 일인데도 하지 않았던 것이다.

그러나 장수거북의 체중을 재는 것은 결코 쉬운 일이 아니다. 야생동물이니 뜻대로 되지 않고 학대했다가는 돌이킬 수 없는 일이 생긴다. 상처 나지 않도록 신중하게 다루어야 한다.

필자도 언젠가 마취시킨 야생의 일본사슴의 체중을 잰 일이 있다. 그때는 우선 필자의 체중을 달아 놓고, 사슴을 안고 체중계에 오르고 나서 뺄셈으로 사슴 몸무게를 계산했다. 그 덕분에 여러 가지 벼룩이나 진드기에 물렸으나 어쨌든 사슴의 몸무게는 제대로 잴 수 있었다.

장수거북에는 이러한 기생충이 없는 것은 좋으나 마취시키면 대사 속도가 저하되므로 마취시킬 수도 없고, 체중은 수백 킬로그램이니 안으려고 해도 너무 무겁다. 파라디노 등은 참으로 교묘한 방법으로 장수거북의 체중을 달았다. 이 거북을 잡아서 하역용의 커다란 그물에 넣고 기중기에 달아 체중을 쟀다. 이런 방법이라면 부드럽게 거북을 다룰 수 있고 체중계를 쓰는 것처럼 어려운 일을 하지 않아도 된다.

장수거북용 초대형 마스크

그다음에 파라디노 등은 산소 소비량을 측정했다. 사람이나 소라면 완전하게 공기 조절로 온도나 습도나 여러 가지 감지기를 장치한 '대사실험실'에서 차분하게 측정할 수 있겠지만, 장수거북의 경우는 해안에서 거북을 기중기로 다루는 식의 연구이니 섬세한 방법을 별로 기대할 수 없다.

제일 쉬운 방법이란 들이킨 숨과 뱉은 숨 속의 산소량의 차이에서 산소 소비 속도를 계산하는 방법이다. 그러기 위해서는 장수거북이 뱉은 숨을 모을 필요가 있다.

진정으로 새로운 실험을 할 경우에는 기존의 실험 장치는 쓸모가 없다. 실험 기구 안내서를 봐도 '장수거북용 가스 채취 마스크' 같은 것은 없다. 그러니 파라디노 등은 20ℓ 플라스틱제의 입구가 넓은 병을 거북의 머리에 씌웠다. 머리 전체를 덮은 것이다. 물론 거북의 목에는 공기가 새지 않도록 목도리를 둘렀다.

이 병 바닥에 구멍을 뚫고 여기에다 200ℓ 정도의 자루를 부착했다. 그 속에 공기를 넣고 잠시 동안 장수거북이 자루 속의 공기로 호흡해 자루 속에 숨을 뱉도록 했다. 그동안 시시각각으로 자루 속 공기의 산소 농도와 이산화탄소 농도를 쟀다. 자루 속 공기의 체적은 쉽게 측정할 수 있으므로 농도 변화와 체적으로부터 산소의 소비 속도와 이산화탄소의 배출 속도는 계산으로 쉽게 구할 수 있다. 이렇게 하면 다음은 계산으로 소비 에너지(열생산과 거의 같다)를 구할 수 있다.

장수거북의 출력은 몇 와트인가?

이런 방법으로 측정해 보니 체중 250~450kg인 장수거북이 심하게 움직이지 않을 때의 에너지 소비는 체중 1kg당 0.9~1.8W, 애쓰며 둥지를 만들 때의 에너지 소비의 최댓값은 1.8W였다.

유사한 종류의 동물의 에너지 소비량은 체중의 4분의 3제곱에 비례한다. 따라서 체중 1kg당 에너지 소비량은 소형동물일수록 크다. 그러니 크기가 다른 동물 사이의 에너지 소비를 비교할 때는 이 점을 보정할 필요가 있다.

보정하고 비교하니 장수거북의 에너지 소비량은 녹색거북 같은 다른 파충류의 약 3배나 되었지만 포유류와 비교하면 약 절반이었다. 즉 장수거북은 포유류 정도는 아닐지라도 보통의 파충류보다는 체온 생산 능력이 훨씬 높다는 결과가 된다.

덩치가 크다는 것은 좋은 일이다

다음은 체내외 간의 열교환에 대해서 생각해 보자.

실은 몸체가 클수록 체 중심부의 체온(Core Temperature)과 체표면 온도의 차가 크다. 즉 몸속은 뜨겁고 피부는 차갑다. 좀 살찐 사람의 궁둥이나 배를 베개 대신에 베면 잘 알 수 있듯이 이것은 지방 같은 신체를 이루는 조직 자체의 단열 효과 때문이다.

예를 들면 대형의 포유동물인 경우 혈액에 의한 열이동을 무시하면 모피의 단열 효과(털이 있다는 사실이 실은 포유동물의 큰 특징이지만) 없이도 몸 주변의 온도보다 체중심부의 온도를 30℃나 높게 유지할 수 있다.

이러한 사실은 소형동물이 대형동물과 비슷하게 체온을 유지하려면 몸의 단열성을 증대하거나 대사 속도를 높여 열생산 속도를 증가시킬 필요가 있다. 이러한 사실은 극지의 찬 바다에 서식하는 포유동물 중에는 몇십 그램 되는 작은 동물이 없다는 것과도 관계되는 것 같다.

우리가 흔히 볼 수 있는 도마뱀 같은 소형 파충류라면 비록 활발하게 움직여도 체중심부의 온도는 체표면 온도와 큰 차이가 없다. 체중이 100㎏이나 되는 파충류라도 움직이지 않을 때면 체중심부의 온도는 체표면 온도보다 3~4℃ 정도밖에 높지 않다.

게다가 피부로 가는 혈액의 흐름이 증대하면 이 차는 작아진다. 그것은 체중심부에 있는 폐나 심장을 통과하면서 가열된 혈액이 그 열을 체표면으로 운반하기 때문이다. 그러니 체중이 100㎏ 정도인 녹색거북을 실제로 측정했더니 체중심부의 온도는 수온보다 1~2℃, 열심히 헤엄칠 때도 8℃밖에 높지 않았다.

그러나 장수거북 정도로 크면 피부로 가는 혈액의 흐름이 적을 때는 체중심부의 온도는 체표면의 온도보다 움직이지 않을 때는 10~20℃, 헤엄칠 때는 30℃가 높다. 즉 수온 0℃의 바다에서 헤엄칠 때라도 체중심부는 30℃를 유지할 수 있다는 뜻이다.

혈류의 영향도 고려해 파리디노 등이 계산해 본 결과, 체중 400㎏인 장수거북은 수온 5℃의 바다에서 헤엄칠 때 체중 1㎏당 0.8W라는 장수거북으로는 최저 수준인 대사 속도라도 체온을 23~29℃로 유지할 수 있는데 이것은 실제 실험 결과와 일치했다. 그런데 장수거북은 수온이 높은 열대 바다에도 온다. 그러니 앞에서 말한 대로라면 열대의 바다에서 장수거북은 체내의 열 때문에 '삶아'질 터이다. 그러나 열대의 바다에서 '삶은 거북'이 떠 있다는 이야기는 들은 적이 없다.

실은 수온이 높은 환경에서 장수거북은 피부로 가는 혈액의 흐름을 증대시켜 수냉 엔진처럼 체중심의 열을 혈액을 통해 체표로 이동시켜 삶아지지 않도록 한다. 실제로 중미의 코스타리카에서 둥지를 짓거나 산란 중인 장수거북을 관찰하면 체표가 핑크색으로 변해 있어 체표면의 혈류가 증대되었다는 것을 알 수 있다.

혈관이 확장되어 혈액색이 투명해지니 장수거북은 핑크색으로 보인다. 혈관이 확장되면 혈액의 흐름은 좋아진다. 즉 장수거북은 피부로 가는 혈액의 흐름을 조절한다. 자동차로 비유하면 냉각수가 흐르는 속도를 바꾸어 큰 몸체의 단열 효과를 조절하는 셈이다. 그런 방식으로 장수거북은 북극 부근에서 열대까지의 넓은 범위를 이동할 수 있다.

일반적으로 파충류의 대사 속도(열 생산 속도)는 포유류보다 훨씬 낮다. 그러나 공룡 같은 대형의 파충류라면 장수거북같이 "덩치가 크다는 것은 좋은 일이다"라는 방식의 체온 유지 기능을 이용함으로써 주위 온도보다도 훨씬 높은 체온을 유지하는 것이 가능했을지도 모른다. 나비는 기온이 낮아지면 활동이 둔해진다. 파충류도 체온이 낮아지면 체내의 화학 변화가 둔해져 활발하게 움직이지 못한다. 그러나 공룡이 이제까지 설명한 것과 같은 방법으로 적절하게 체온을 유지했다면 추운 곳에서도 활발하게 활동할 수 있었을 것이다.

또한 공룡도 장수거북같이 혈류에 의한 수냉식 방열을 적용했다면 더운 지역에서도 삶아지지 않으므로 장수거북 못지않게 추운 곳에서부터 더운 곳에 이르기까지 살 수 있었을지도 모른다.

그렇다면 공룡은 따뜻한 지방에서만 살고 있었던 것이 아니라 광범위하게 장거리를 이동하는 활발한 생물이었다고 생각하는 것도 가능하다.

6장

|

*

벌새가 항상 배가 고픈
까닭은 무엇일까?

나비 같은 새, 벌새

아메리카 대륙에 널리 분포하는 새로 벌새라는 것이 있다. 아주 작은 새로서 나비같이 꽃에서 꿀을 빨아 먹고 산다. 그러나 꽃은 종류에 따라 줄기에 앉아서 꿀을 빨아 먹을 수 없도록 되어 있는 모양의 것도 있다. 아무리 벌새가 작다 해도 대부분의 꽃보다는 크므로 나비같이 꽃에 앉거나 몸체로 꽃 속으로 들어갈 수는 없다. 벌새는 날개를 놀랍게 빠른 속도로 상하로 움직여서 헬리콥터의 공중 정류(Hovering)같이 공중에 정지해서 긴 주둥이로 꽃에서 꿀을 빤다.

실은 벌새는 체중당의 에너지 소비가 가장 많은 생물 중 하나이다. 흔히 포유류나 조류 같은 항온동물은 파충류나 어류 같은 변온동물에 비하면 훨씬 에너지 소비가 크다. 그 까닭은 주변의 온도가 지나치게 낮으면 체내의 화학 변화를 활발히 하거나 증가시켜 체온을 유지해야 하고, 주변 온도가 지나치게 높으면 활발히 호흡하거나 땀을 흘려서 체온이 상승하지 않도록 해야 하기 때문이다. 어쨌든 모두가 에너지를 소비하는 행위이므로 항온동물은 에너지 소비가 클 수밖에 없다. 그렇다면 포유류나 조류 중에서 가장 에너지 소비가 높은 것이 가장 에너지 소비가 높은 동물이라는 셈이 된다.

이런 식으로 써 놓으면 남의 말에 솔깃하는 독자들은 감쪽같이 속고 마는데 많다, 적다 할 때는 단위가 중요한 것이다. 아무리 벌새 에너지 소비가 크다고 해도 하나의 개체를 통째로 비교하면 초대형 공룡인 울트라사우루스에는 못 미칠 것이고 흰긴수염고래에도 못 미칠 것이다.

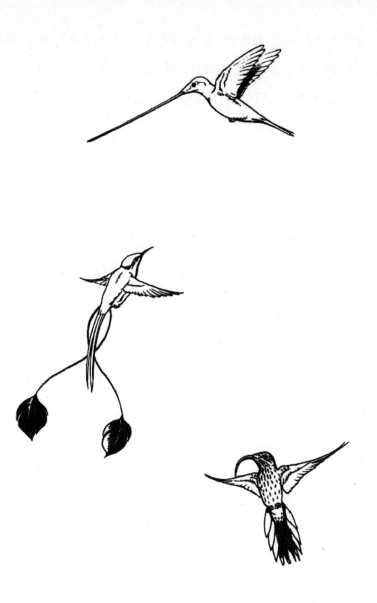

〈그림 6-1〉여러 가지 벌새

여기서 비교하려는 것은 체중당의 에너지 소비를 말하는 것이다. 따라서 가령 체중 5g의 벌새와 50㎏의 사람을 비교한다면 벌새 1만 마리분과 사람 1인분의 에너지 소비를 비교하는 것이 된다.

작은 동물일수록 에너지 소비가 크다

조류나 포유류의 체중당 에너지 소비는 체중의 4분의 3제곱에 비례한다. 왜 그런지는 아직 확실치 않으나 체중이 다른 여러 동물을 비교하면 어쨌든 그렇게 되어 있다. 따라서 소형동물일수록 체중당 에너지 소비는 크다. 그러니 포유류나 조류 중에서 가장 소형인 것이 체중당 에너지 소비가 가장 크다는 결론이 된다.

소형 포유류의 대표로는 뒤쥐나 사향쥐 같은 식충류나 타이에서 발견된 박쥐 종류로 어느 것이든 체중이 2g에서 5g정도이다. 이런 동물들은 대사 속도가 빨라 계속적으로 에너지를 소비하므로 하루 종일 먹다가 불과 몇 시간만 절식시켜도 굶어 죽는다.

그러나 벌새의 일종으로 체중이 5g에 못 미치는 앤나벌새라는 종류는 놀랍게도 하루에 18시간 정도는 나무에서 쉰다. 캘리포니아 대학 의학부의 다이아몬드 교수팀의 연구 결과 이러한 사실은 벌새의 소화 생리와 깊은 관련이 있다는 것이 밝혀졌다.

다이아몬드 교수는 신장이나 소장 등에서의 물질 흡수나 분비의 연구로는 세계 제1인자인데 동시에 조류 보호에도 깊은 관심을 갖고 있다. 그 때문에 조류의 생태학이나 생리학에 대해서도 전문적인 연구를 하고 있다.

벌새의 에너지 소비는 고타츠 3대분

벌새를 1kg분 모으면 합계해서 1시간에 58kcal의 에너지를 소비한다는 것은, 이 정도 먹지 않으면 벌새는 체력을 유지할 수 없다는 뜻이다. 이것을 체중 60kg의 사람과 비교해 보자.

벌새를 60kg분, 즉 12,500마리의 벌새는 1시간에 58×60kcal=3,480kcal의 에너지를 소비한다. 이것을 1일로 환산하면 3480×24=83,520kcal가 된다.

체중 60kg 정도의 사람 1인당의 에너지 소비량은 노동이나 운동의 정

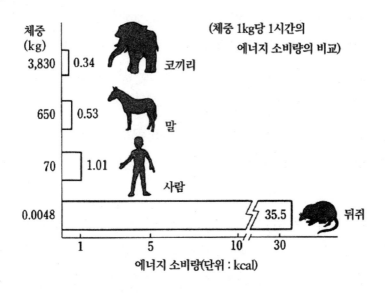

〈그림 6-2〉 체중당 필요 에너지의 비교

도에 따라 차이는 있으나 2,000에서 2,500kcal 정도이다. 따라서 체중당 비교로는 벌새의 에너지 소비량은 사람의 30~40배 정도가 된다. 사람의 에너지 소비량은 대략 100W이므로 벌새는 3~4kW, 즉 고타츠(이불을 덮어 놓고 사용하는 일본식의 난로) 2~3대분이 된다.

이 정도의 에너지 소비를 유지하기 위해서 벌새는 하루 종일 먹어야 한다는 계산이 나온다. 실제 관찰에 의하면 벌새는 하루에 180회 꿀을 빠는데 그 양은 체중의 3배나 된다. 그러나 1회의 공중 체류로 꿀을 빠는 시간은 불과 2~3분 이내이다.

오로지 효율적으로 에너지를 흡수한다

벌새 같은 소형동물은 대량으로 에너지를 체내에 흡수할 필요가 있다. 그런데 벌새의 생활 방법은 그러기에는 참으로 안성맞춤이다.

우선 첫째로 먹이다. 어쨌든 꽃에서 얻는 꿀이므로 바로 당분의 수용액 같은 것이며 고형물은 거의가 에너지원이다.

둘째로 벌새의 소화기관이다. 다이아몬드 교수팀의 연구에 의하면 벌새의 소화기관은 지극히 효율적으로 꿀에서 당분을 흡수할 수 있도록 되어 있다.

우선 벌새는 먹이의 통과 시간이 짧다. 꿀은 빨고 나서 15분 후에는 배설이 시작된다. 먹이가 소화관 내에 머무르는 시간은 평균 49분에 불과하다. 사람의 경우는 대체로 24시간이므로 이것은 굉장한 속도이다.

소화관 내에 체류하는 시간이 짧다는 것은 꿀을 빠는 간격이 짧다는 뜻이다. 먼저 빨아 먹는 꿀이 소화관 내에 남아 있다면 배가 불러 꿀을 빨 수 없기 때문이다. 그런데 생물 세계에는 편리한 일만 있다고 할 수 없다.

소화관 내의 체류 시간이 너무 짧으면 먹이를 소화해 흡수할만한 시간 이 부족하게 된다. 그러나 벌새의 소장은 고성능이며 불과 49분 동안에 먹 이의 당분 97%를 흡수할 수 있다(위나 대장을 통과하는 시간도 있으니 실 제로 소장에 먹이가 머무르는 시간은 이것보다도 짧을 것이다). 또한 소장 의 점막은 일단 흡수한 당분을 소장 내에 누출하지 않도록 되어 있다. 그토 록 흡수 능력이 높은데 왜 벌새는 나무 위에서 한가하게 쉴까?

벌새는 식도 중간에 '소낭'이라는 주머니가 있다. 벌새에 있어서 먹이 가 소화관에 머무르는 시간을 결정짓는 것은 이 '소낭'이라는 주머니가 비 는 속도이다. 예를 들면 꿀 1㎖를 흡수하면 소낭에 쌓이고 쌓인 분량의 절 반을 비울 때까지의 시간은 4분이 걸린다. 이 사이에는 배가 부르므로 꿀 을 빨 수 없으니 벌새는 에너지 소비를 절약할 수 있도록 조용히 나무에 서 쉬는 것이다.

포유류의 소화관에도 위나 맹장 같은 주머니 모양의 부분이 있어 소나 캥거루 같은 초식동물은 이러한 주머니가 가득 차면 식욕이 떨어지도록 되어 있다. 초식 포유류도 소형동물일수록 체중당 에너지 소비는 큰데, 소 형 초식동물은 먹이를 '주머니' 속에 너무 긴 시간 체류하지 못하도록 하 는 방법으로 영양을 섭취할 수 있게 하는 기능이 발달해 있다. 벌새와 매 우 흡사한 장치이다. 벌새는 헬리콥터같이 공중에 정지해 꽃에서 꿀을 빠 는 가장 소형의 척추동물이다.

〈그림 6-3〉 적갈색벌새와 그 이동 경로

몇 번이나 되풀이해서 말하지만 에너지 소비량은 체중의 0.75제곱에 비례하므로 소형인 벌새는 가만히 있어도 에너지 소비가 큰 데다 헬리콥터 같은 공중 체류에는 연료 소비가 많으므로 비행 중인 벌새의 대사 속도는 척추동물 중에서 가장 빠르다. 한편, 벌새는 장거리 이동을 하는데 이동 직전에는 매일 체중의 10%나 되는 지방을 저장한다.

즉 먹이인 꿀을 빨기 위해서 대량의 에너지가 필요한데 이동하기 위해서 에너지를 절약해 체내에 지방으로 비축해야 하는 이율배반적인 에너지 요구가 있다. 벌새는 공중 체류와 지방 축적에 각각 에너지원을 구분해 소비한다는 사실을 스알레스란 사람이 규명했다.

스알레스 등이 연구한 것은 북아메리카 서부에 서식하는 적갈색벌새로 여름 서식지와 겨울 서식지 사이를 3,000km나 비행한다. 그들은 벌새의 호흡값(산소 소비량에 대한 이산화탄소 생산량의 몰비)을 측정함으로써 무엇을 에너지원으로 하는가를 조사했다. 이유인즉 탄수화물을 에너지원으로 하면 호흡값은 1.00이고 지방을 에너지원으로 하면 0.70이 되기 때문이다.

필자가 이 연구의 열쇠라고 여기는 것은 가스 포집용의 마스크로도 작용하는 집밀기(集蜜器)를 개발한 점이며 이것을 이용해 적갈색벌새를 공중 체류시키면서 산소 소비와 이산화탄소의 생산을 측정했다. 적갈색벌새가 쉴 때의 호흡값은 0.72이고 쉬고 있을 때에는 지방이 주에너지원이라는 것을 나타낸다. 공중 체류 시에는 호흡값은 0.81로 상승하고 곧 1.0이 되었다. 에너지원이 지방에서 탄수화물로 바뀐 것이다.

벌새는 꿀 속의 당분을 재료로 지방을 생성하지만 먹이를 흡수하는 동안에는 당분을 직접 에너지원으로 하는 편이 당분에서 일단 지방을 합성하고 그 지방을 에너지원으로 하는 것보다 에너지의 소비가 적다. 그렇지만 이동 중인 벌새는 지방 이외는 에너지원이 없다. 그러니 탄수화물은 1g당 4kcal인데 지방은 9kcal이므로 같은 에너지양을 운반하는 데 적은 중량 부담으로 할 수 있다.

벌새의 근육이나 간장에는 포도당이 이어진 글리코겐이 함유되어 있지만 일단 공중 체류를 하면 5분간 전량을 소비한다. 그러므로 벌새는 꿀을 빠는 것을 5분 이내로 하는 것 같다.

벌새의 몸체는 이러한 방법이 가능하도록 되어 있다. 예를 들면 소장의 포도당 흡수 속도는 다른 척추동물보다 빠르고, 간장에서의 지방산 합성 능력은 포유동물의 10배 이상이나 된다. 또한 근육에서의 당이나 지방을 분해하는 효소의 활성도 높다.

이러한 기구가 갖추어져 있으므로 1시간이 못되는 동안에 먹이를 소화하고 흡수할 수 있다. 또한 흡수한 영양소를 비축하는 것도 재빠르고 일단 비축한 지방이나 소장에서 흡수한 당을 분해해 에너지화하는 것도 빠르다.

이러한 기능의 하나하나는 우리들의 몸에도 갖추어져 있다. 단지 성능이 뚜렷하지 않을 뿐이다. 그러니 이 책에 등장하는 '초능력'을 갖춘 것처럼 보이는 동물에 대해 공부하면 필자는 "대단한데" 하고 감동하지만, 한편 "우리 사람도 전혀 희망이 없는 것은 아니구나" 하고 안도할 때도 있다.

여러 가지 기능을 모두 합쳐서 생각하면 어느 생물이나 비슷하며 주어진 범위에서 잘 한다는 것이 필자의 개인적인 감상이다.

7장

바닷속의 연어는 절여지지 않는다.

왜 그럴까?

바다의 동물은 물 부족

사막의 동물은 물이 부족한 상태에 노출되어 있다. 그러나 물이 부족한 상태에 있는 것은 사막의 동물만이 아니다. 바다에서 사는 동물도 물부족을 겪고 있다.

필자가 사는 미야기(宮城)현에는 연어와 이크라(Ikra)를 밥 위에 얹은 '하라코밥'이라는 맛있는 음식이 있다. 이 음식에서 연어는 생으로 쓰지만 연어의 고전적인 이용법으로는 소금에 절인 연어가 있다. 연어의 내장을 제거한 후 거기에 소금을 채워 연어를 통째로 소금에 절이는 것이다. 연어를 소금에 절인다는 것은 연어살의 조직에 염분이 스며들어 미생물이 번식하기 어렵게 한다는 뜻이다.

왜 염분이 연어 몸체에 스며드는가 하면 연어살의 원래의 염분 농도보다 외부의 염분 농도가 높으므로 염분이 바깥쪽에서 살 속으로 흘러드는 것이다. 반대로 수분 농도는 연어살 속이 높으므로 소금에 절이면 연어살에서 수분은 밖으로 빠진다.

살아 있는 연어는 왜 소금에 절여지지 않는가?

그러나 바다에서 헤엄치는 연어 몸속의 이를테면 혈액의 염분 농도와 바닷물의 염분 농도를 비교하면 바닷물의 염분 농도(정확히 말하면 삼투압)가 3배나 높다. 그런데도 헤엄치는 연어가 절여졌다는 이야기는 들은 적이 없다.

염분이든 수분이든 농도가 높은 쪽에서 낮은 쪽으로 이동하는 것이 자연의 법칙이다. 바다에서 헤엄치는 연어는 이 법칙을 거스르는 것일까? 대답은 "절반은 그렇고 절반은 아니다"이다. 연어의 체표면은 물을 통과시킨다. 그러니 연어 몸속의 수분은 바닷물 속으로 상실된다. 이 점에 있어서는 자연의 법칙대로이다.

수분을 계속 상실한다면 연어는 탈수를 일으켜 죽고 만다. 연어가 죽지 않기 위해서는 물이 몸에서 빠져나가는 속도보다 빠른 속도로 수분을 몸속으로 넣으면 된다. 연어가 수분을 몸속으로 받아들이려면 바닷물을 마시는 것 이외에는 방법이 없다. 실제로 연어는 바닷물을 마시고 장에서 수분을 흡수한다.

그러나 바닷물에서 수분을 섭취하는 것은 쉽지 않다. 예를 들면 배가 난파해 표류한 사람이 바닷물을 마시며 생명을 부지할 수는 없다. 바닷물과 함께 염분이 체내로 흡수되기 때문이다. 이와 같은 현상은 연어의 경우에도 마찬가지다. 몸속에 염분을 지나치게 흡수하면 소금 절임이 되니 여분의 염분을 배출하지 않으면 죽고 만다. 염분을 배출하려면 염분 농도가 높은 액체를 만들어 체외로 보낸다. 사람의 경우는 오줌 속에 염분을 배출한다.

아가미가 해결책이다!

사막에 서식하는 캥거루쥐의 경우는 굉장한 농도의 소변을 생성하니 바닷물에서도 수분을 섭취할 수 있으나 사람은 짙은 염분의 소변을 배설하지 않는다. 그러므로 바닷물을 마시고 흡수한 염분을 배출하려면 바닷

〈그림 7-1〉 경골어류인 연어와 상어나 가오리 종류는
염분에 대해 다른 '전략'을 취한다

물 속에 있는 수분보다 더 많은 물이 필요하다.

이때 물의 손익을 생각하면 바닷물을 마시고 수분을 섭취해도 섭취한 것보다 더 많은 수분을 소변으로 배출하게 되니 수분의 손실을 보게 된다. 겸해서 말하자면 바닷물의 염분은 3.5%이고 사람의 소변 염분은 겨우 2.2%이다. 그렇다면 바닷속의 연어는 어떤가. 연어는 염분 농도가 높은 소변을 배설하는가?

그렇지 않다. 연어의 소변 염분 농도는 혈액과 비슷한 정도이다. 사람은 혈액 염분 농도(삼투압)보다 몇 배나 짙은 소변을 배설한다. 그러므로 소변으로 염분을 배설한다는 점에서는 연어는 낙제이다. 연어의 해결책은 아가미이다. 물고기의 아가미는 수중 산소를 체내에 흡수하는 중요한 장치이다. 그러나 생물체에서는 하나의 기관이 여러 가지 기능을 함께 수행하는 경우가 흔히 있다. 다른 데서 쓴 일이 있지만 뼈가 좋은 예이다. 아가미의 기능도 체내에 산소를 흡수하는 것만은 아니다.

'흐름'에 역행하려면 힘이 든다

바닷속의 경골어류의 아가미는 주변의 바닷물보다 농도가 짙은 액체를 생성해 체외로 배출한다. 이런 방법으로 연어 등은 염분을 체외로 버린다. 우리의 신장도 그렇지만 연어의 아가미도 체중의 염분 농도보다도 높은 농도의 용액을 생성하는 것은 결코 쉬운 일이 아니다. 흐르는 강물을 역행하는 것 같은 일이다. 강을 따라 내려가려면 흐름에 의존하면 되지만 강을 거슬러 오르자면 힘이 든다.

그와 같이 체중의 염분 농도보다 높은 농도의 용액을 생성하는 데는 에너지가 필요하다. 그러니 연어는 운동을 하지 않는다고 해도 염분을 계속 배출하는 것만으로도 에너지를 소비한다. 우리들의 신장도 마찬가지다.

상어는 설탕 절임의 원리로 산다

앞에서 물고기에는 여러 가지 종류가 있다고 했는데 연어의 방법은 경골어류의 방법이며 상어나 가오리 종류[판새류(板鰓類)]는 전혀 다른 방법을 쓰고 있다. 과실의 설탕 절임이나 콩절임은 제법 수분을 함유하고 있으나 생과일이나 물에 찐 콩보다는 오래 보존할 수 있다. 미생물이 자라기 어렵기 때문이다. 이것은 생선 절임이나 야채 절임의 경우도 마찬가지다. 왜냐하면 설탕이든 소금이든 농도가 높은 수용액에 미생물이 접촉하면 미생물 체내의 수분에 용해되어 있는 물질의 농도가 낮으므로 미생물체내의 수분이 설탕이나 소금 용액 쪽으로 빠져나간다. 미생물도 물이 없으면 죽는데 가령 산다 해도 대사나 증식을 할 수 없다. 그러므로 장기 보존이 가능하다.

상어나 가오리는 설탕 절임 같은 방법을 취한다. 연어에서 문제가 되는 것 중의 하나는 체표면에서 수분이 바닷물로 빠져 나가는 것이었다. 체내의 염분 농도(삼투압)가 바닷물보다 낮기 때문이다.

상어나 가오리의 체내 염분 함량은 바닷물의 절반 정도이고 요소와 산화트리메틸아민이라는 유기물이 혈액 중에 다량 함유되어 있다. 설탕 절임과 같은 이치로 유기물이라도 다량으로 용해되어 있으면 삼투압이 높아

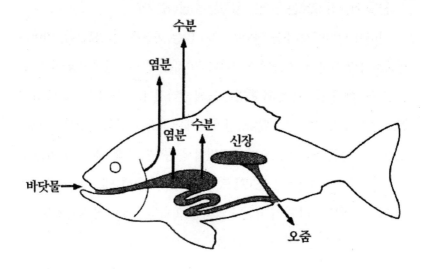

〈그림 7-2〉 바다의 경골어류는 수분과 염분을 장에서 흡수하고
여분의 염분은 아가미로 배출한다

져서 수분을 배출하기 어렵다.

요소라면 벌써 여러 번 언급했듯이 여러분도 잘 아는 질소 화합물이다. 우리의 경우에는 혈액 중의 요소는 신장에서 오줌 속에 함유되어 배설된다. 즉 사람의 혈액 속에 함유된 요소는 쉽게 배설된다. 그러나 상어의 경우는 요소를 배설하는 절차가 그리 쉽지 않다.

앞서 2장에서 사람과 물고기가 어느 쪽이 잘났는가 하는 것을 이야기했는데 바닷물에서 살 수 있다는 점에서는 역시 물고기가 훌륭하다고 필자는 생각한다.

강을 거슬러 오르는 연어는 물고문을 당하는가?

연어가 바다에서 소금 절임이 되지 않는 까닭을 살펴보았다. 연어는 번식하기 위해 강을 거슬러 올라온다. 이것은 대단한 환경 변화이다. 짙은 소금물에서 민물로 주위 환경은 크게 달라진다. 강물에는 염분도 유기물도 별로 함유되어 있지 않다. 연어의 체내 농도보다 훨씬 낮다. 그러므로 연어가 강을 거슬러 오르면 체표면에서 수분이 계속 체내로 들어온다.

소금 절임도 괴롭지만 물고문도 괴롭다. 우리의 세포도 그렇지만 연어의 세포 속에도 여러 가지 염류나 단백질 그 밖의 물질이 용해되어 있다.

이런 세포가 민물에 노출되면 물이 한꺼번에 다량으로 세포 속으로 들이닥친다. 그러면 세포는 부푼다. 계속 부풀면 세포막의 면적이 모자라서 세포는 터지고 만다. 결국 세포는 죽는다. 이런 상태가 진행되면 세포가 모여 있는 동물체도 죽는다. 그러니 물고문도 괴롭다. 강을 거슬러 올라온 연어는 어떻게 하는가 하면 농도가 낮은 오줌을 계속 강물에 방출한다. 다른 담수어도 같은 방법을 쓴다.

염분이 부족하다

강물에서 사는 물고기는 또 한 가지 괴로운 일이 있다. 그것은 염분을 섭취하기가 대단히 어렵다는 것이다. 연어든 사람이든 세포 속에 칼륨이 없으면 세포는 살 수 없고 혈액 속에 나트륨이 없으면 몸체는 기능을 발휘하지 못한다. 식염 상자에는 '염화나트륨'이라고도 적혀 있는데 바로 이 나트륨 말이다. 강물은 소금기가 없다. 당연하지만 강물에는 염분이 극히

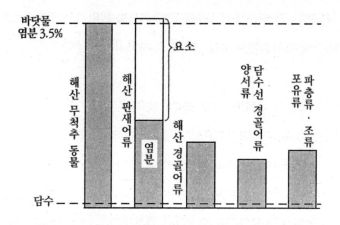

〈그림 7-3〉 여러 가지 동물의 삼투농도를 바닷물의 농도와 비교한다

희박하다. 체내 염분보다 훨씬 희박하다. 그러므로 강물에서 염분을 체내에 흡수하려면 농도가 낮은 곳에서 높은 곳으로 흐름에 역행하므로 역시 에너지가 필요하다.

연어는 어디에서 염분을 섭취할까? 이것 역시 아가미가 한다. "또 되는 대로 말하니, 사카타란 사람 못 믿겠다" 하는 친구의 목소리가 들리는 것 같다. 바다에 있는 연어는 아가미로 염분을 배출하더니 강으로 온 연어의 아가미는 염분을 흡수한다니 나가는 것과 들어오는 것은 크게 다르다. 아가미는 그렇게도 쉽게 염분의 출입 방향을 바꿀 수 있단 말인가?

실은 바꿀 수 있다. 여기에는 여러 가지 호르몬과의 관계도 있지만 연어는 바다에서 강으로 올라오는 데 따라 아가미의 기능이 완전히 달라진다. 연어에게 있어서 바다에서 만으로 들어와 강어귀에서 상류로 거슬러 올라간다는 것은 환경도 영양 조건도 전면적으로 달라지는 것이다. 연어는 이러한 변화에 전신의 기능을 동적으로 변화시켜 대응한다.

고래는 바닷물을 마시는가?

포유동물 중에도 바닷물 속으로 진출한 것이 있다. 예를 들면 고래이다. 고래는 어떤 식으로 수분을 섭취할까?

고래나 바다표범은 물고기를 먹는다. 물고기 체중의 60~80%는 수분이다. 또한 앞에서도 말했지만 물고기의 염분(삼투압)은 바닷물의 3분의 1밖에 되지 않는다. 포유동물 몸체의 삼투압과 비슷하다. 그러므로 물고기 몸속의 수분을 고래나 바다표범은 섭취한다.

한편, 물고기는 양질의 단백질원이다. 다시 말해 물고기를 먹으면 단백질을 다량 먹게 되니 단백질의 노폐물인 요소가 다량으로 생긴다. 이 요소를 신장을 통해 버릴 때 수분도 함께 배출된다. 그런데 물고기와는 달리 고래나 바다표범은 농도가 짙은 소변을 생성할 수 있다. 그러니 그리 많은 수분은 배출하지 않는다. 결국 고래나 바다표범은 오줌과 폐에서 배출되는 수분과 같은 양의 수분을 물고기에서 섭취하며, 그 결과 고래나 바다표범류는 전혀 물을 마시지 않고 지낼 수 있다.

이렇게 볼 때 사람은 아가미가 없으니 경골어류의 방법은 따를 수 없고, 상어의 방법도 흉내 낼 수 없다. 고래의 방법은 신장이라는 장치는 있으나 성능이 부족하므로 쓸모없다. 생각하면 당연한 일이지만 고래도 사람도 같은 포유류이다. 신장이 있거나 없는 데 따른 중요한 정성적(定性的)

인 차이가 있다면 별개의 분류군으로 분류했을 것이다.

무척추동물은 짜다

이쯤에서 여러분은 알아차렸을 것이다. 수염고래는 물고기가 아니라 주로 젓새우 같은 크릴새우류(Eucardia) 등을 먹고 산다. 바다표범류 중에는 조개 등을 먹는 것도 있다.

그러나 조개 같은 무척추동물은 문제가 있다. 가리비의 맛살이나 냉동 새우를 삶아 먹어 보면 알 수 있듯이, 바다에서 사는 무척추동물의 몸체에는 바닷물과 비슷한 정도의 농도로 염분이 함유되어 있다. 또한 아무리 수염고래의 수염이 고성능이라고 할지라도 새우류와 함께 바닷물을 삼킨다. 그러니 고래나 바다표범이 바다에서 살 수 있는 것은 역시 신장의 기능에 있다. 염분의 농축력이 결정적인 해결책이기 때문이다.

고래젖은 진하다

포유류에는 다른 동물에서 볼 수 없는 특징이 있다. 새끼를 키울 때 어미가 젖을 내는 것이다. 젖에는 수분이 있다. 예를 들면 우리가 마시는 우유라면 85% 이상이 수분이다. 따라서 젖을 낸다는 것은 귀중한 수분이 체외로 나가는 것이다.

이러한 일은 고래나 바다표범으로서는 어려운 일이다. 그 때문인지 바다에서 사는 포유동물의 젖은 굉장히 진하다. 예를 들면 젖에 함유하는 지방분은 우유라면 3~4%가 보통인데 고래나 바다표범의 젖은 지방이 30~40%나 함유되어 있다. 이러한 사실은 동일한 분량의 지방을 새끼에게 주기 위해 어미의 몸에서 빠지는 수분이 20분의 1 정도면 충분하다는 것을 말한다. 이런 방법으로 고래나 바다표범의 어미는 수분을 절약하고 있다.

그런데 아직도 '진하고 맛있는 우유'라는 투의 말을 들을 때가 있다. 축산학과 출신인 필자로서는 거북한 말이다. 분명히 유지방은 맛이 있으니 지방분이 어느 정도 높으면 맛이 있게 마련이다. 그러나 현재의 축산 기술로 지방분이 높은 우유를 만드는 일은 그렇게 어렵지도 않고 가공유로 좋다면 탈지분유에 혼합하는 버터 양을 가감하면 간단히 만들 수 있다. 어려운 것은 맛이다. 양질의 풀을 먹이지 않으면 맛있는 우유를 만들 수 없다. 맛은 속일 수 없는 것이다.

바다새는 민물이 필요 없는가?

바다에서 사는 척추동물은 물고기나 포유동물만이 아니다. 갈매기나 신천옹, 펭귄 등도 바다에서 산다. 이런 새들 중에는 육지나 담수가 있는 곳에서 몇백 킬로미터나 떨어져 민물을 먹을 기회가 전혀 없는 환경에서 사는 것도 있다. 이와 같은 새들은 바닷물을 먹고 살고 있을까, 아니면 물고기에서 수분을 섭취할까?

여러 가지 관찰 결과에 의하면 이런 바다새류는 바닷물을 먹고 물고기도 먹으며 조개 등 무척추동물도 먹는다. 고래의 경우와 같이 바다새류도 물고기에서 수분을 섭취한다. 그러나 바닷물과 무척추동물은 역시 문제가

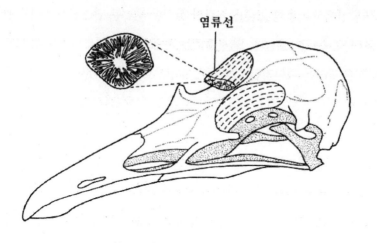

〈그림 7-4〉 바다새에서 보는 '눈 위의 혹(염류선)'
(그림은 재갈매기의 예)

있다. 즉 조류의 신장은 포유류의 신장처럼 농도가 높은 오줌을 생성하지 못한다. 연어의 방법을 쓰려고 해도 새는 아가미가 없다.

'눈 위의 혹'에는 뜻이 있다

그러면 어떤 방법이 있을까? 바다새의 머리 부분에는 염분을 배출하는 '염류선'이라는 특별한 장치가 있다. 재갈매기에는 두 눈의 윗부분에 있다. 그야말로 '눈 위의 혹'이다.

그런데 바다새는 이 혹이 없으면 살 수 없다. 염류선은 염분이 바닷물의 2배 정도나 되는 짙은 액체를 배출한다. 수분을 별로 배출하지 않는 바다새는 이런 방식으로 염분을 배출한다.

염류선에서 배출한 소금물을 끓인 것 같은 액체는 염류선에서 가는 관을 통해 코 속으로 흐른다. 얼마 후에는 콧구멍에서 흘러 떨어진다. 별로 바람직한 광경은 아니지만 소의 군침 이상으로 중요한 것이 바다새의 '콧물'이다.

바다거북은 울보!?

바다에서 사는 파충류인 바다거북의 경우에도 물과 염분의 문제는 포유류나 조류와 같이 심각하다. 아니 바다거북 쪽이 더 심각한지도 모른다. 이유인즉 신장이 염분을 농축하는 능력이 포유류나 조류보다 못하기 때문이다. 그렇다면 어떤 방법을 쓰는가 하면 바다새와 같은 방법으로 눈 가까이에 염류선이 있다. 이 염류선에서 염분 농도가 짙은 용액을 분비한다.

바다거북의 경우는 이 용액을 코가 아니라 눈시울에서 배출한다. 그러나 이 용액의 양은 적고 염분이 짙으므로 줄줄 흐르지 않는다. 바다거북이 산란하러 상륙했을 때 흘리는 눈물은 이 액체가 아니고 다른 선에서 생성된 액체로 여겨진다.

'왜?'는 그 답보다 중요하다

이 책에서 다룬 갈매기나 낙타 등의 수분이나 염분, 열 등의 생산, 배출 기능에 대해서는 주로 크누트 슈미트닐센 교수라는 덴마크 출신 생리학자의 연구를 기초로 하고 있다. 슈미트닐센 교수는 처음에는 대학에서 물리학을 공부했다. 그러던 어느 날 해안의 오두막에서 갈매기를 보고 "갈매기는 바닷물을 먹고 어떻게 살 수 있을까"라고 생각했다. 이것이 그가 생리학을 시작한 동기였다.

이러한 배경을 갖는 탓인지 그의 연구는 현재의 생리학의 주류라고도 할 수 있는 세포 수준이나 분자 수준의 것과는 어딘가 다르다. 실제의 실험에서는 꽤 상세한 측정을 하지만 반드시 낙타 한 마리, 갈매기 한 마리로 생각하고 계산이 맞는지 어쩐지를 생각한다. 그리고 환경과 동물 사이의 열이나 물질 교환의 숫자가 맞는지 아닌지 항상 생각한다. 흥미롭게도 동물생리학자의 국제적 모임인 국제 생리학 연맹은 이런 색다른 슈미트닐센 교수를 회장으로 선출했다. 필자는 그런 사실도 모르고 시드니에서 열린 국제 생리학 총회에 가서 그의 회장 수락 강연에서 바닷가의 갈매기 이야기를 듣고 세계의 생리학자들의 균형 감각이란 것을 느꼈다.

생물학에서는 여러 사람의 정보를 종합하는 것도 중요한 일이다.

도서목록
현대과학신서

도서목록
BLUE BACKS